ESA HORRIBLE CIENCIA

EVOLUCIONA O MUERE

PHIL GATES

Ilustrado por
Tony De Saulles

MOLINO

Título original: *Evolve or die*
Publicado por primera vez en el Reino Unido
por Scholastic Publications Ltd. en 1997
Traducción: Rosa Moreno Roger

Publicado originalmente en castellano por Editorial Molino en 1998
© del texto: 1997, Terry Deary
© de las ilustraciones:
© de esta edición revisada: 2007, RBA Libros, S.A.
    Pérez Galdós, 36 – 08012 Barcelona
    Rba-libros@rba.es / www.rbalibros.com

Ref.: MOJD038
ISBN: 978-84-2722-061-4
Depósito legal: B-1772-2007
Composición: Víctor Igual S.L.
Impreso por Novagràfik (Barcelona)

SUMARIO

Phil Gates es un hombre extraordinario. No sólo es un escritor de gran éxito, sino también, un científico reconocido. Ha ganado distintos premios con esculturas hechas con servilletas de papel húmedas. Entre sus aficiones se incluyen bañarse entre las rocas con el agua helada y jugar al billar americano. Espera ganar una partida antes de su próximo cumpleaños.

Tony De Saulles empezó a usar sus lápices de colores cuando aún llevaba pañales y, desde entonces, no ha dejado de dibujar. Se toma muy en serio *Esa horrible Ciencia* e incluso se atrevió a ilustrar el *Megachasma pelagious*, el sexto tiburón de mayor tamaño del mundo. Afortunadamente, se

ha recuperado totalmente de la experiencia.

Cuando no está por ahí con su bloc de dibujo, a Tony le gusta escribir versos y jugar al squash, aunque todavía no ha escrito ningún poema sobre tal deporte.

INTR🌐DUCCI🌐N

Las clases de biología pueden ser auténticos comecocos. ¡Hay tantas criaturas asombrosas que estudiar! Y muchas tienen nombres que parecen trabalenguas. Es injusto por parte de los profesores pretender que nos aprendamos toda esa jerga científica que insisten en emplear para describir las cosas más sencillas.

Pero existe un método mucho más simple para aprender biología que deberían utilizar los profesores. Todo lo que tienen que hacer es dejar de usar tantos nombres científicos y convertirlos en una historia. De modo que, en vez de comenzar la clase diciendo: «Hoy vamos a estudiar las reacciones químicas de los cloroplastos» —que dejan a toda clase que se respete sumergida en un profundo sopor—, tendrían que empezar con estas palabras: *«Érase una vez...»*. Eso obraría maravillas, ya que convertiría a los alumnos en mejores biólogos. A todos nos gusta una buena historia, así que todos los alumnos estarían pendientes de sus palabras.

5

Lo que los profesores de biología deberían recordar es que la vida es una historia. La vida tuvo un comienzo increíble cuando las primeras criaturas comenzaron a reptar por el fondo cenagoso del océano hace 3.500 millones de años. Desde entonces ha habido épocas terribles. A veces, la Tierra ha sido arrasada por completo por asombrosos cataclismos. Otras veces se han dado efectos increíbles que han producido criaturas alucinantes como la *Hallucigenia* (ver pág. 98).

La historia de la vida en la Tierra tiene un nombre: evolución. Es una historia que comenzó, como hemos dicho, hace 3.500 millones de años y nadie tiene ni idea de cuándo acabará.

La evolución es una aventura épica a tal escala que ni siquiera los directores de cine de Hollywood han podido jamás imaginar. Está llena de desastres, sorpresas, villanos, héroes, horrores e incluso de un par de finales felices de vez en cuando.

La evolución es sencillamente asombrosa. Es increíble. Así que aquí tienes la historia completa. Léela, y las clases de biología ya nunca serán lo mismo.

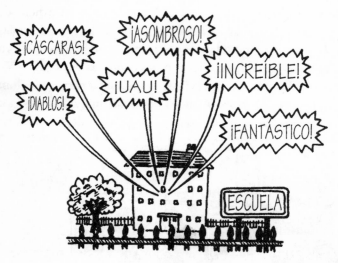

RÁPIDA HISTORIA DE LA VIDA EN LA TIERRA

A veces la Tierra puede ser un hábitat horrible y hostil. Desde que la vida apareció por primera vez en nuestro planeta, el clima ha sido muchas veces espantoso. Se ha pasado de un calor seco, polvoriento y achicharrante al peor frío glacial, y de una humedad deprimente a una inundación en innumerables ocasiones. En otras, nuestro planeta ha estado rodeado de gases nocivos, ha sido bombardeado por asteroides del espacio exterior y rociado por invisibles (aunque mortíferos) rayos ultravioleta.

¡RÁPIDO, PROFESOR, PROGRAME DE NUEVO LA MÁQUINA DEL TIEMPO! NO CREO QUE ESTO SEA 1966.

Pero el caso es que estamos aquí todavía. Lo hemos conseguido evolucionando, con cambios constantes, sólo un poquitín cada vez. Afortunadamente, las formas de vida que nacieron con elementos adecuados para vivir en un entorno hostil y horrible también han producido descendientes bien adaptados para sobrevivir. Las formas de vida menos afortunadas, que no estaban tan bien equipadas, desaparecieron.

NO CREO QUE PUEDA RESISTIR HASTA LA PRÓXIMA ERA GLACIAL.

Esto es lo que los científicos llaman evolución, algo parecido a la moda. Tienes que moverte al ritmo de los nuevos tiempos o, como dicen los científicos, hay que evolucionar.

La moda cambia cada pocos meses, pero la evolución es terriblemente lenta. Se necesitan millones de años para que algo importante, como unas patas de más o un par de alas, evolucione.

El ritmo de la evolución es incluso más lento que el de una clase normal en la escuela, de modo que vamos a acelerar un poco. Aquí tienes una historia relámpago de la vida en la Tierra. Agárrate fuerte porque en las páginas siguientes iremos a más de 150 millones de años por segundo.

Hace millones de años...

4500
Se forma la Tierra con los restos de la explosión de una estrella. El calor es insoportable. Volcanes por todas partes. Nada de agua, ni aire, ni vida.

4000
El planeta se enfría. Se forma el agua. Llueve. ¡Vaya cambio!

3500
La atmósfera huele como una ventosidad gigantesca. Está llena de gases sulfurosos. Un cóctel químico apestoso reaccionó en los océanos para formar una molécula asombrosa llamada ácido desoxirribonucleico (des-ox-i-rri-bo-nu-clei-co), pero puedes llamarlo ADN∗.

∗ A propósito, las moléculas se forman cuando los elementos químicos simples se combinan para hacer otros más complicados. El ADN está en el interior de todos los seres vivos y puede obtener copias de sí mismo (ver pág. 52).

8

3000

Las condiciones del planeta cambian constantemente, de modo que las moléculas de ADN deben continuar evolucionando para sobrevivir en ambientes hostiles. Algunas moléculas sinuosas

MOLÉCULA DE ADN

de ADN se recubren de una capa resistente para sobrevivir y se convierten en las primeras bacterias repugnantes. Estos bichos se multiplican hasta cubrir toda la superficie con una capa de cieno. Se alimentan de azufre, por lo que la atmósfera no tardó en oler como el interior de tus viejas zapatillas deportivas en un día caluroso.

2000

Toda esta actividad requiere energía. Algunas bacterias se vuelven verdes porque están repletas de una sustancia química llamada clorofila, que puede capturar la energía del sol. En vez de ponerse morenas, dichas bacterias utilizaban los rayos de sol para convertir el agua y el dióxido de carbono en azúcar para alimentarse. Esto significa que desprendían oxígeno, lo que envenenó a la mayoría de las otras bacterias que se alimentaban de azufre. Éstas se retiraron a las profundidades de los océanos y a los cienos apestosos, donde aún sobreviven todavía.

1000

¡Al fin! Después de 3.500 millones de años de evolución, aparece algo que se asemeja a un animal. Gusanos primitivos reptan bajo el agua.

570

De repente, la evolución enloquece. Surgen hordas de extrañas formas de vida. Luego, algunas desaparecen. Esto es la evolución para ti: dos pasos adelante y uno hacia atrás. Por suerte, alguna vida sobrevivió, de modo que la evolución no hubo de empezar de nuevo desde el principio.

500

Los terribles trilobites se abren paso. Parecen cochinillas, pero son cincuenta veces más grandes.

440

Las plantas invaden la tierra que poco a poco se recubre de verde. Mares llenos de artrópodos marinos gigantes de más tres metros de largo de la familia de los euriptéridos. Aparecen los primeros peces con mandíbulas (hasta aquel momento lo único que podían hacer era darte una asquerosa chupada). Las aletas de algunos peces evolucionan de modo que se convierten en patas para poder arrastrarse por la tierra.

410

El mar se llena de una asombrosa variedad de peces,

 es un paraíso para los pescadores de caña. La vida en tierra se llena de ruido porque los anfibios croadores (parientes lejanos de las ranas y los tritones) están por todas partes, aunque no es buen momento para ir a pescar renacuajos, puesto que algunos anfibios tienen el tamaño de los cocodrilos. La vida despega en cuanto evolucionan los primeros insectos voladores.

365

La atmósfera es como la de un cuarto de baño lleno de vapor. A las plantas les encanta esta mezcla de color y humedad. Inmensos bosques de helechos gigantes ocultan caballitos del diablo (tan grandes como pájaros), monstruosos milpiés y los primeros reptiles.

290

¡Uf! ¡Qué calor tan asfixiante! Ahora todo está más seco y hace cada vez más calor. Repulsivos reptiles empiezan a sustituir a los anfibios. Después de 210 millones de años, arrastrándose por el fondo cenagoso del mar, a los trilobites se les acaba la suerte: se extinguen porque el nivel del mar baja y su hábitat marino costero se seca.

230

Aquellos pequeños reptiles que aparecieron por primera vez hace 135 millones de años ahora son más grandes y más fieros. Sí, es cierto, se han convertido en dinosaurios. La evolución inventa dinosaurios de todo tipo: herbívoros gigantes como los braquiosaurios, que podían comerse un árbol entero para desayunar; los perversos velocirraptores, que cazaban en manada; el terrible *Tyrannosaurus rex*, el depredador de mayor tamaño de todos ellos. Reptiles rapaces que se imponían en el aire y en el mar. Los pterosaurios volaban en lo alto, mientras que los ictiosaurios y las tortugas gigantes surcaban los océanos. No, éste no era un buen momento para ser pequeño y apetecible.

210

Aparecen las flores. Evolucionan toda clase de insectos en bandadas terribles. Surgen unos pequeños animalitos peludos llamados mamíferos. Son inteligentes y rápidos. Necesitan serlo para no ser aplastados por los dinosaurios.

140

Las aves son la evolución de pequeños dinosaurios corredores. Los océanos se llenan de asombrosas amonitas que parecen pulpos metidos en una concha plana y enroscada.

65

¡Hurra! Se extinguen los dinosaurios. Una vez desaparecidos, los mamíferos peludos se vuelven dañinos. Ahora son los depredadores más temibles del planeta Tierra.

2

Aparecen esos horribles homínidos. Las eras glaciares hacen que sus dientes castañeen. Los mamuts se vuelven muy peludos para mantener el calor, pero se siguen muriendo. ¿Acaso los cazadores homínidos los han convertido a todos en abrigos de pieles y en hamburguesas de mamut?

¡ZUMBAN!

¡ATACAN!

¡GRUÑEN!

¡TIRITAN!

El presente

Se ha inventado el automóvil para reemplazar a las piernas. Los viajeros circulan con ellos gracias a motores que desprenden gases que hacen que la atmósfera de las ciudades empiece a oler otra vez a ventosidad de gigante. Los científicos

inventan la bomba atómica, que puede atrasar el reloj 4.500 millones de años.

¿Cómo? Si alguien apretara el botón rojo de marras lograría una explosión tan gigantesca que volveríamos al punto de partida.

¿Me sigues? ¡Bien! Presta atención.

De modo que aquí estamos hoy. Los seres humanos: los amos del planeta Tierra.

¿Cómo hemos llegado hasta aquí?

¿De dónde venimos?

Durante los últimos 4.500 millones de años, ¿qué ocurrió para que un planeta sin vida se convirtiera en el hogar verde y acuático de millones de animales y plantas?

Buenas preguntas.

Los científicos pueden responderte a algunas de ellas, pero eso lleva mucho tiempo. De modo que prepárate patatas fritas, galletas y refrescos para no desfallecer, ponte cómodo e ingéniatelas para responder a algunas difíciles preguntas científicas.

DESCUBRIMIENTOS ⛵ PELIGROSOS

A principios del siglo XIX, la mayoría de gente esperaba que las autoridades religiosas dieran respuesta a preguntas realmente importantes. De modo que, si preguntabas a un arzobispo o a un cardenal por el principio de la vida, te respondían que leyeras la Biblia. Distintas religiones ofrecieron diversas explicaciones, pero la mayoría basadas en la misma idea.

En la religión cristiana, que los europeos en su mayoría seguían en aquel tiempo, Dios creó el Cielo y la Tierra, y luego la llenó de seres vivos. Está todo explicado en la Biblia, en el primer capítulo del *Génesis*.

Deberías leerla, es una historia maravillosa. Si lo haces, verás que las personas fueron creadas a última hora en el sexto y último día de la Creación.

Debió de ser una semana de mucho trabajo. Un sacerdote incluso se tomó el trabajo de calcular con toda exactitud cuándo ocurrió.

¡A que no lo sabías!

En 1620, el arzobispo Ussher calculó cuándo había comenzado el mundo. Lo hizo leyendo con toda atención la Biblia y sumando las edades de todos los personajes que aparecen en sus páginas, desde Adán y Eva, los primeros humanos, en el primer capítulo del Génesis. Calculó que Dios creó a Adán y Eva a las 9 de la mañana del domingo 29 de octubre del 4004 a. C. y de eso hace 6000 años.

En la actualidad, las pruebas científicas modernas demuestran que nuestro planeta se formó mucho después de la gran explosión inicial, el Big Bang, hace unos 4500 millones de años. La Tierra es casi un millón de veces más vieja que lo calculado por el arzobispo Ussher. ¡Y en 4500 millones de años pueden pasar muchas cosas!

Los obispos se encontraron con que los geólogos (los científicos que estudian las piedras y rocas) les planteaban nuevos problemas continuamente. Les traían restos fósiles de animales desenterrados de las rocas que eran muy, pero muy diferentes a cualquier otra criatura que hubieran visto anteriormente.

Y, por extraño que parezca, entre los fósiles de esas horribles bestias no se encontraba ni rastro de algún esqueleto humano, ni siquiera los restos medio digeridos de algún desgraciado que las bestias se hubieran comido para desayunar. Empezaba a parecer que los humanos eran unos recién llegados a la Tierra, mucho después de que todos los demás estuvieran ya aquí.

Incluso antes de que a Darwin (véase pág. 19) se le ocurriera la idea, algunos científicos habían empezado a sospechar que todo ser vivo había evolucionado de antepasados extinguidos. Pero a la mayoría les asustaba decirlo. Algunos valientes lo insinuaban, pero la gente se sorprendía ante sus ideas. Y el clero siempre tenía alguna explicación para contrarrestarlas.

Los fósiles son restos de animales remotos que se han extinguido. Los nuevos deben haber evolucionado para reemplazarlos.

Tonterías. Los fósiles son restos de todos los animales que no pudieron subir al Arca de Noé y se ahogaron en El Diluvio.

¡GLUG!

¡GASP!

Y demuestran que la historia de Noé es cierta.

 ¿Por qué cuando se excavan las capas de rocas se encuentran docenas de capas de animales muertos? Todos se extinguieron en épocas diferentes. ¿Significa que hubo muchos diluvios y muchas Arcas de Noé?

¡Ja, ja, no! Es una broma divina. Dios los puso para confundir a los científicos como ustedes.

A mí me parece evolución. Las rocas de la superficie tienen fósiles diferentes de los que hay en las rocas más antiguas que están más abajo. Los animales fosilizados más tarde debieron evolucionar a partir de los más antiguos.

 **¡Demuéstrelo!**

Si los seres vivos realmente evolucionaron, los científicos tendrían que buscar una teoría convincente para explicar cómo ocurrió. Un brillante francés creyó tener la respuesta a esta pregunta.

17

Cuadro de honor: Jean Baptiste Pierre Antoine de Monet, chevalier de Lamarck
(1744-1829) Nacionalidad: francesa

Lamarck, como solía llamarse a sí mismo por si se quedaba dormido antes de terminar su nombre, era un soldado distinguido que decidió dejar la espada, coger un bisturí de disección y hacerse zoólogo. Después de explorar las vísceras de toda clase de animales, Lamarck desarrolló una asombrosa teoría sobre la evolución, que era poco más o menos así:

Si un animal ha de realizar repetidamente la misma función, su cuerpo poco a poco cambia para facilitarle la tarea. Así que, si un ciervo busca su alimento en las copas de los árboles día tras día, su cuello se irá alargando a medida que crezca.

Si el cuello del ciervo se alarga durante su vida, todas sus crías nacerán también con el cuello largo. De esta manera, las jirafas podrían haber evolucionado de ciervos de cuello corto que tuvieron que alargarlo para alcanzar su alimento.

Si lo piensas bien, es una idea absurda. Según esto, todos los atletas olímpicos que entrenan duro y logran unos cuerpos musculosos y fuertes deberían tener unos hijos capaces de ser atletas olímpicos sin necesidad de entrenamiento.

Muchos científicos tampoco estuvieron de acuerdo con la idea de Lamarck. Se rieron de él, pero por lo menos tenía una teoría que intentaba explicar la forma en que evolucionaron los seres vivos, aunque fuera equivocada. De este modo animó a otros grandes científicos a buscar la acertada.

Cuadro de honor: Charles Darwin
(1809-1882) Nacionalidad: británica
Charles Darwin fue uno de los más grandes científicos que ha habido jamás. Era nieto de Josiah Wedgwood —ceramista de fama mundial— que se casó con su prima, Emma Wedgwood.

De modo que los cacharros eran cosa de familia, y la gente decía que Darwin también era muy creativo. Su curiosidad le impulsaba a hacer cosas raras.

Tocaba instrumentos musicales ante los gusanos para ver si reaccionaban a los distintos sonidos.

Alimentaba con carne asada a las plantas devoradoras de insectos, llamadas carnívoras.

Pero, por encima de todo, Darwin es recordado hoy en día por su descubrimiento de cómo funciona realmente la evolución.

Hazle a tu profesor estas preguntas darwinianas

Pídele que adivine si son ciertas o falsas.

1   ¿Cuál de estos libros escribió Darwin?

a) *El origen de las especies*

b) *El mundo perdido*

e) *Evoluciona o muere*

2   La planta favorita de Darwin era:

a) La carnívora Venus atrapamoscas

b) Los pepinos

c) La coliflor

3   Darwin era el primer experto mundial en:

a) Percebes

b) Moscas

c) Monos

4 Un día, cuando estaba buscando escarabajos, encontró uno que le interesaba, pero ya tenía uno en cada mano. ¿Qué hizo?

a) Colocarlo debajo de su sombrero y cogerlo.

b) Meterse uno de los escarabajos en la boca para tener una mano libre y poder atraparlo.

c) Aplastarlo con su barriga.

5 ¿A qué se le ha dado el nombre de Darwin?

a) A una ciudad de Australia.

b) A una rana que guarda sus crías en la boca.

c) A una planta de aroma dulzón que se emplea para fabricar perfume.

Respuestas: 1a) es verdadera, **b)** y **c)** son falsas. También escribió muchos otros libros sobre arrecifes de coral, plantas trepadoras, orquídeas, gusanos de tierra, gallinas, palomas y otros animales domésticos. **2a)** es verdadera, **b)** y **c)** son falsas. Llamó a la Venus atrapamoscas «La planta más maravillosa del mundo» porque sus hojas son como mandíbulas que se abren y cazan las moscas que se posan en ellas. **3a)** es verdadera, **b)** y **c)** son falsas. Si quieres saber algo sobre percebes, pregúntale a Darwin. Hasta que él los estudió detenidamente, la gente creía que eran parientes cercanos de los caracoles. Darwin demostró que sus parientes más cercanos eran los cangrejos. **4b)** es verdadera, **a)** y **c)** son falsas. El escarabajo que se metió en la boca era un escarabajo escopetero, que expulsaba un líquido caliente por su cloaca y le quemó la lengua, de modo que tuvo que escupirlo. **5)** Todas se llaman como Darwin. Las crías de la rana Darwin saltan y se refugian dentro de su boca cuando hay peligro.

21

Darwin no era un buen estudiante y suspendía los exámenes. Prefería pasar el tiempo observando los escarabajos y otros insectos. Cuando dejó la universidad, se enroló como naturalista en un barco que iba a dar la vuelta al mundo en cinco años y donde podía ser útil gracias a sus conocimientos de historia natural.

La peligrosa idea de Darwin

Darwin tenía 22 años cuando emprendió el viaje alrededor del mundo para estudiar la vida salvaje. No era marino y pasó una temporada horriblemente mareado.

Camino de América del Sur hicieron multitud de paradas durante el viaje. El capitán, ocupado en trazar mapas de la costa, dejaba que Darwin tuviera tiempo libre para bajar a tierra y para que pudiera aumentar así su colección de bichos.

Doblaron el Cabo de Hornos en el extremo de América del Sur con el peor tiempo que jamás un barco haya tenido que capear. El *HMS* Beagle* tenía sólo 30 metros de eslora, pero en él vivieron durante cinco años los 74 miembros de la tripulación.

MI PERRO TIENE MÁS SITIO EN SU PERRERA.

¿ES UN BEAGLE**?

Es difícil imaginar cómo era la vida en el *HMS Beagle*, pero debió de ser algo así:

Transcurría el año 1835, y el *HMS Beagle* cabeceaba sobre las olas mientras surcaba rumbo al sur del océano Pacífico. Sentados en un camarote había dos hombres: uno era un oficial con galones dorados resplandecientes; el otro, un tipo simpático de bigote poblado y cabeza calva.

Charles Darwin eructó satisfecho mientras se reclinaba en su silla. Extrajo un trozo de carne de tortuga que se le había metido entre los dientes.

¡CLIC!

---

* HMS: *Her / His Majesty Ship.* Barco de Su Majestad *(N. del T.)*
** Perro cazador de orejas largas y pelo corto. *(N. del T.)*

—Ha sido una comida sabrosa, capitán Fitzroy —dijo—, pero ojalá nos hubiéramos llevado vivas estas tortugas gigantes.

Fitzroy exhaló el profundo suspiro del hombre cuya paciencia se está agotando. Llevaba cuatro años y medio compartiendo un reducido camarote con Darwin. A veces, deseaba no haber permitido que aquel naturalista excéntrico subiera a bordo de su barco. Por doquier había animales muertos dentro de tarros de pepinillos que le miraban con sus ojos saltones. Varias plumas de papagayo colgaban de un gancho sobre su cabeza y, con frecuencia, rozaban su sombrero ladeándolo. Montones de plantas prensadas se escurrían por las mesas cada vez que el barco afrontaba una fuerte marejada. Siempre que intentaba pasear por cubierta tropezaba con huesos fósiles de animales gigantescos ya extinguidos y que Darwin había coleccionado.

—Lo siento, Darwin, pero ya no hay sitio para más animales vivos. Mire a su alrededor. ¿Dónde íbamos a poner seis tortugas gigantes?

Darwin miró la hamaca de Fitzroy, pero no dijo nada. Su mirada se posó lentamente en el montón de caparazones de tortuga vacíos. Cada uno era de una isla distinta del grupo de las Galápagos, islas que acababan de dejar atrás. De repente, Darwin reparó en algo que antes no había observado: cada caparazón tenía un dibujo distinto. ¿Por qué? se preguntó.

Estuvo reflexionando sobre ello durante algún tiempo antes de que se le ocurriera un pensamiento revelador. Se quedó con la boca abierta y los ojos brillantes. Los tarros donde conservaba los especímenes danzaron ante sus ojos.

Al fin se hizo la luz en su cerebro. Eran esas tortugas galápagos las que habían puesto en marcha su mente. ¿Sería posible que un solo tipo de tortuga hubiese llegado a una de las islas nadando desde la costa de América del Sur? ¿Y podía ser que sus descendientes cambiaran un poco cada vez que colonizaban una nueva isla? Cada isla era algo distinta, con una flora diferente; de modo que quizá las tortugas que vivían en cada isla fueran también algo distintas.

De pronto, todo parecía tener sentido. Recordó los pájaros que había visto en las islas. En todas ellas existían pequeños pinzones marrones; y en cada isla, una versión distinta de esas aves. Todas eran básicamente iguales, pero la especie de cada isla tenía el pico de forma algo diferente. Tal vez todas habían evolucionado de la misma especie que llegó a una de las islas, y luego fueron evolucionando por separado al extenderse por las otras.

LIBRO GUÍA DE LAS GALÁPAGOS

Los españoles descubrieron esas islas en 1535. Allí encontraron tortugas marinas, de modo que las llamaron islas Galápagos.*

Las islas surgieron por causa de erupciones volcánicas submarinas a 960 km de la costa de Ecuador, donde los volcanes a menudo entran en erupción.

Las islas fueron al principio el lugar de descanso de piratas y bucaneros que iban allí en busca de un sitio seguro después de saquear ciudades sudamericanas. Los hambrientos piratas eran muy aficionados a celebrar en la playa barbacoas de tortuga gigante.

* Galápagos: tortugas lacustres europeas. Ésa fue la razón por la cual los españoles bautizaron a las islas con ese nombre.

Datos sobre ¡Evoluciona o muere!

NOMBRE: Tortuga gigante.
HÁBITAT: Islas Galápagos.

TORTUGUITA

Una tortuga de las Galápagos puede pesar 250 kg. Se necesitan ocho hombres para levantarla.

Los marineros solían montar sobre ellas para divertirse. Darwin descubrió que su velocidad máxima era de unos seis kilómetros y medio por día.

En la actualidad, once especies distintas de galápagos viven en libertad en las islas. Por desgracia, en la isla Pinta sólo queda una sola tortuga gigante. Es un macho llamado George el Solitario. Se ha ofrecido una recompensa de 10.000 dólares a quien pueda encontrar una auténtica tortuga gigante Pinta hembra para que le haga compañía.

Tortuga gigante macho y solitario busca esposa que quiera tomarse las cosas con calma.

Mientras navegaban de regreso a casa, Darwin empezaba a estar seguro de poder distinguir en qué isla vivía cada tortuga por el dibujo de su caparazón. Probablemente, también tendrían otras características, pero por desgracia era demasiado tarde para averiguarlo. Habían subido a bordo del *HMS Beagle* varias tortugas gigantes vivas, y Fitzroy y él se las comieron.

No obstante, resultaba bastante probable que los distintos tipos de tortuga hubieran evolucionado de un solo antepasado. Darwin empezaba a preguntarse si todos los seres vivos habrían evolucionado de la misma manera.

Las diferencias entre las tortugas eran muy pequeñas, pero más tarde empezó a preguntarse si la evolución podría explicar también diferencias más notables entre las especies. ¿Acaso los peces habían evolucionado saliendo del mar, creciéndoles patas y convirtiéndose en anfibios como los tritones y las ranas?

¿Y si los hombres hubieran evolucionado partiendo de los mismos antepasados que los monos?

Era una teoría arriesgada. Darwin sabía que a la Iglesia no iba a gustarle la idea de que hombres y simios fueran primos hermanos.

Una idea asombrosa

En cuanto Darwin regresó a Inglaterra, se puso a escribir acerca de su viaje. Mientras escribía iba recordando todas las plantas y animales raros que había visto. Estaba convencido de que las formas de vida modernas habían evolucionado de sus antepasados. Lo cual significa que puedes seguir los ancestros de todos los seres vivos que viven hoy en la Tierra hasta las más viscosas formas de vida que se arrastraban por la sopa primigenia en los fondos cenagosos de los antiguos mares de la Tierra.

Los humanos y los chimpancés debieron de ser la evolución de los mismos antepasados lejanos y extintos.

Los humanos y los chimpancés procederían de los mismos ancestros, pero su pelaje evolucionó de distintas formas.

Darwin sólo pudo llegar a una conclusión: los seres vivos no habían sido creados por Dios todos a la vez en el 4004 a. C. Hoy en día, las plantas y los animales evolucionan muy lentamente de sus antepasados.

Era una idea revolucionaria y sabía que le iba a traer problemas. Así que Darwin decidió esperar un poco antes de decir lo que pensaba.

Esperó una semana.

Esperó un mes.

Esperó un año.

Tardó *veinte* años en armarse del valor suficiente para escribir su famoso libro sobre la evolución, titulado *El origen de las es-*

*pecies** que de inmediato se convirtió en un *best seller*. La gente había oído rumores de que contenía algunas ideas escandalosas, de manera que corrieron a las librerías para hacerse con un ejemplar. Todos se vendieron el mismo día de su aparición, en 1859.

Por fin, en 1859, Darwin tuvo una razón de peso para publicar sus ideas: alguien más se le iba a adelantar. Alfred Russell Wallace (1823-1913), un naturalista que se ganaba la vida recolectando especímenes animales en las islas del Pacífico para venderlos a los museos, también había comprendido que los seres vivos debieron evolucionar unos de otros. Y escribió a Darwin para comunicarle su brillante idea. A Darwin no le hizo mucha gracia: a él se le había ocurrido primero y ningún científico se había hecho famoso jamás por ser el segundo en hacer un descubrimiento. De modo que Darwin se puso a escribir su libro lo más deprisa posible.

* En realidad no es éste. Su título completo es —toma aliento— *El origen de las especies por medio de la selección natural o la preservación de las razas favorecidas en la lucha por la existencia*. Es más fácil decir *El origen de las especies*.

Para ser justos, las ideas de Darwin y Wallace fueron anunciadas a la vez en un congreso celebrado por algunos de los científicos más eminentes del mundo, pero poca gente recuerda al pobre Wallace. Darwin se llevó toda la gloria. La ciencia puede ser terriblemente dura.

Se quitan los guantes

El libro de Darwin le hizo famoso, pero tuvo que soportar un torrente de críticas de gente que no estaba de acuerdo con sus ideas. A sus seguidores les llamaron «evolucionistas». A sus oponentes se les conocía como «creacionistas», porque creían al pie de la letra la historia de la Creación de la Biblia.

Tuvieron algunas broncas sonadas. Darwin no soportaba las discusiones en público. Se quedaba en casa la mayor parte de las veces, y dejaba que sus partidarios y amigos evolucionistas plantaran cara a la oposición.

Su pelea más famosa tuvo lugar en la reunión de la Asociación Británica por el Avance de la Ciencia, en el Museo de la Universidad de Oxford el 30 de junio de 1860.

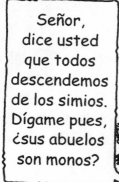

Señor, dice usted que todos descendemos de los simios. Dígame pues, ¿sus abuelos son monos?

Señor, yo preferiría tener por abuelo a un miserable simio antes que a un hombre como usted, que utiliza su posición privilegiada para burlarse de los argumentos científicos.

La guerra dialéctica entre creacionistas y evolucionistas no siempre terminaba felizmente. Un famoso partidario del obispo Sam el Tiralevitas tuvo un final trágico.

Era el capitán Fitzroy, que estaba al mando del *HMS Beagle* durante el viaje de Darwin alrededor del mundo y había compartido camarote con el naturalista. Como muchos victorianos, creía al pie de la letra cada palabra de la historia de la Creación de la Biblia. Estaba horrorizado por haber ayudado involuntariamente a Darwin a que recogiera pruebas de su perversa teoría sobre la evolución y a que sembrara dudas en las personas de creencias religiosas.

La mañana del domingo 30 de abril de 1865 se encerró en su despacho y se mató cortándose la garganta. Tú pensarás que eso es demasiado, pero, demuestra lo mucho que le molestaba a la gente la idea de tener monos en la familia.

El pobre Fitzroy no fue el único que no quiso creer en la teoría de Darwin. Muchos científicos escépticos opinaron que las criaturas debían tener algún medio de transmitir las mejores partes de su cuerpo a sus hijos. De nada serviría estar perfectamente equipados para la vida en la Tierra si no se pu-

DEJO
A MI HIJA
MI VISTA
EXCELENTE
Y MI
FUERTE
DENTADURA.

dieran dejar las mejores características a los descendientes antes de morir.

Dicho de otro modo, las características que les dieron el éxito morirían con ellos. Nada cambiaría y la evolución no tendría lugar.

Darwin no encontró una respuesta convincente a este razonamiento.

Al fin y al cabo, ni siquiera Darwin tenía todas las respuestas. Pero otros científicos supieron recoger sus ideas y comprobarlas personalmente estudiando fósiles (ver págs. 72-90) y algunos animales e insectos que aún hoy día conviven con nosotros. Animales simpáticos como los conejos. O pequeños y molestos insectos como los mosquitos. Pero, poco a poco, con paso firme, comenzó a surgir una escena. No era siempre una escena agradable, pero al fin los científicos se dieron cuenta de que la teoría de la evolución funcionaba realmente. De manera que toma aliento, aplasta a algún insecto repelente ¡y prepárate para un encuentro con... ¡mosquitos asesinos!

MOSQUIT🔍S ASESINOS

La evolución era una idea nueva e importante. Los científicos necesitaban encontrar alguna evidencia impresionante si querían convencer a la gente de que estaban en lo cierto.

Afortunadamente, los científicos pudieron probar que la evolución es un hecho, porque observaron con sus propios ojos que las especies cambiaban. La evolución propiamente dicha ha tardado millones de años, pero los pequeños cambios se producen de un modo asombrosamente rápido.

Datos sobre ¡Evoluciona o muere!

NOMBRE: Mosquito de la malaria *(Anofeles)*.

HÁBITAT: Cualquier lugar húmedo en el que haga mucho calor.

CARACTERÍSTICA MÁS ALARMANTE: Propaga una terrible enfermedad llamada malaria, producida por unos gérmenes, el *Plasmodium*. Los mosquitos chupan la sangre contaminada y luego inyectan los temibles *Plasmodium* en otro cuerpo, los cuales producen temperaturas tan altas que incluso pueden atacar el cerebro.

Los científicos han inventado toda clase de drogas para exterminar el *Plasmodium*. Al principio suelen dar resultado, pero siempre hay algunos *Plasmodium* que sobreviven. Esto se debe a las diferencias existentes entre individuos de la misma especie. Siempre hay unos cuantos *Plasmodium* afortunados que poseen una protección natural contra los venenos químicos.

Estos afortunados sobreviven en un cuerpo, y los mosquitos lo propagan cuando lo succionan y luego pican a otra nueva víctima.

Entonces, los científicos han de buscar otra droga que acabe con esta nueva versión de su viejo enemigo. Si no fuera porque los *Plasmodium* de la malaria mutan constantemente, hace tiempo que nos habríamos librado de tal terrible enfermedad. El problema es que los *Plasmodium* siguen evolucionando más deprisa que los científicos.

¡A que no lo sabías!
- *Cuando las características individuales de los seres vivos cambian ligeramente se les llama mutantes. Y a estos cambios se les denomina mutaciones.*
- *La mayor parte de las veces, las mutaciones no son de gran utilidad para sus propietarios. Una coliflor no es más que una col mutante con capullos de flores blancas que nunca llegan a abrirse. Las coliflores sobreviven porque a la gente que le gusta comer verduras con aspecto de cerebro las cultiva deliberadamente. Desde el punto de vista de una coliflor, las flores que nunca se abren mueren, por lo que las coliflores no sobrevivirían sin la ayuda de los humanos.*
- *Algunas mutaciones son útiles. Cuando los animales cambian porque, por ejemplo, la gente empieza a atacarlos con atomizadores químicos, o porque el clima se vuelve más caluroso o más frío, o porque se hace más difícil encontrar alimento, entonces una mutación adecuada puede ser muy útil. En ese momento, el mutante puede sobrevivir, gracias a tener un cuerpo mejor adaptado. Y, si sobrevive, se reproducirá, dejando montones de copias de sí mismo, igual que los* Plasmodium *mutantes de la malaria. De esta manera ha evolucionado hacia una nueva y distinta versión de la especie.*

Esto es exactamente lo que ocurrió con los osos polares cuando llegaron al Ártico por primera vez. Originalmente, los osos tenían el pelaje marrón, pero con el paso del tiempo algunos de ellos evolucionaron hasta tener el pelaje blanco, aunque no todos. A los osos que siguieron con el pelaje marrón les resultaba más difícil sorprender a las focas en la nieve y les era más difícil alimentarse, por lo que poco a poco se extinguieron.

Receta de los conejos para tener éxito

Los conejos se reproducen como... bueno, como conejos. La verdad, muy rápidamente. Cada pareja puede llegar a tener unas cincuenta al año.

La reproducción en las especies animales tiende a aumentar cuando hay mucha comida, agua y un lugar apropiado donde vivir. Si todo esto empieza a escasear, la vida se hace difícil. Los animales tienen que competir con otros miembros de su misma especie para poder sobrevivir y disminuye la procreación.

Imagina que eres un conejo. De acuerdo, ya sé que no es fácil, pero inténtalo. ¿Qué preferirías ser? Un conejo marrón, un conejo negro o un conejo blanco?

Elige tu color ahora y luego calcula cuánto tiempo sobrevivirás: Imagina que...

a) Buscas lechugas jugosas en un campo sembrado.

b) Sales de noche. ¿Estás protegido contra el peligro?

c) Los humanos salen a buscar pieles de conejo. ¿Estás seguro?

d) Hay una capa espesa de nieve y los armiños olfatean una buena y sabrosa comida.

Tiempo de supervivencia:

a) Dos años si eres un conejo marrón: te confundes fácilmente con el campo. Un año si eres negro: no destacas demasiado. Muy poco tiempo si eres blanco: destacas como una luna llena y eres presa fácil para los armiños.

b) Dos años si eres marrón o negro. Apenas te verán las lechuzas, aunque te irá mal si eres blanco. Te verán fácilmente y no vivirás mucho.

c) Dos años si eres marrón. Tu piel es demasiado fea para un abrigo de pieles de moda. Pero apenas tendrás tiempo de vivir si eres blanco o negro. Tu hermoso pelaje es demasiado atractivo.

d) Dos años si eres blanco. Te confundes perfectamente con la nieve. Pero los conejos negros o marrones no sobrevivirán mucho, los armiños les seguirán el rastro fácilmente.

Ahora, si sumas el total de tu puntuación, podrás saber cuánto tiempo vivirías

Para un conejo marrón el total es de seis años. Y recuerda que puedes tener 50 conejos al año, lo cual es suficiente para dejar una descendencia de 300 gazapos igualitos a ti y con el mismo éxito.

Para un conejo negro, el total es sólo de dos años, suficiente para dejar 100 gazapos si tienes suerte, pero sus posibilidades de supervivencia no son tan buenas como las de sus primos marrones.

Y en cuanto a los conejos blancos... bueno, si tienen suerte pueden esperar vivir también un par de años, de modo que dejarán 100 conejitos blancos que desearán que nieve más a menudo. De modo que es fácil ver por qué los conejos negros o blancos son raros. Si eliges ser un vulgar conejo marrón, habrás sobrevivido en estas condiciones mejor que todos. Pero ¿y si cambia el clima? Supongamos que hace más frío y que la nieve cubre el suelo todo el año. Sería otra historia y entonces tu primo blanco estaría más adaptado y sobreviviría con más éxito.

En cualquier colonia conejera, la mayoría de animales comparten características similares, pero siempre hay unos pocos conejos con mutaciones que resultan muy útiles. Pueden variar en diversos aspectos. Por ejemplo, pueden tener los intestinos más largos para digerir con mayor facilidad, cosa siempre útil si te pasas el día masticando hierba.

Pon a prueba a tu profesor

La mayoría de palabras científicas resultan muy difíciles de pronunciar, pero en realidad el lenguaje que utilizan los científicos se supone que es para que las cosas complicadas sean más fáciles de entender. Pregunta a tu profesor qué significa coprófago, ¿Qué es?

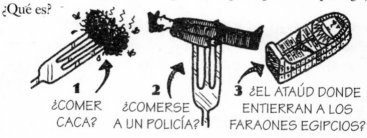

1 ¿COMER CACA?

2 ¿COMERSE A UN POLICÍA?

3 ¿EL ATAÚD DONDE ENTIERRAN A LOS FARAONES EGIPCIOS?

Respuestas: 1 Los conejos son coprófagos porque sus intestinos no son lo bastante largos para digerir su comida en el primer viaje a través de ellos. De modo que vuelven a empezar con ella, comiéndose sus propios excrementos. A los científicos les encanta inventar palabras como coprófagos: es el modo más sencillo para describir esta peculiar costumbre del conejo. Pero la mayoría de gente no les entiende, de modo que les llaman simplemente «comecaca», pero no resulta ni la mitad de impactante, ¿verdad?

Las mutantes son ligeramente mejores para conseguir que las cosas que necesitan sobrevivan, crezcan y se reproduzcan. Poco a poco empiezan a tomar las riendas. La evolución ha actuado y la especie ha cambiado un poco.

A veces, los científicos llaman a esto selección natural porque, en las plantas silvestres y en los animales, los individuos que han sobrevivido son los que tienen la suerte de heredar las características más favorecedoras de sus padres.

En la Tierra, las condiciones siempre cambian algo, de manera que los animales y las plantas con mutaciones nuevas y útiles mejoran a medida que pasa el tiempo. Si las mutaciones no ocurrieran, las plantas y los animales no podrían evolucionar para adaptarse a las condiciones cambiantes y al final se extinguirían. De modo que, si quieres sobrevivir, *¡evoluciona o muere!*

«¡Ohhh, tiene la nariz de su madre!»

Todos los seres humanos tienen pequeñas diferencias, mutaciones, que han heredado de sus padres. Es probable que hayas notado que ciertas facciones se suelen repetir en las familias. ¿No te fastidia...?

ERES EL VIVO RETRATO DE TU TÍO ABUELO ALBERTO.

ESTO... SÍ, GRACIAS, TÍA.

Todos los niños tienen que soportar este tipo de comparaciones. Tías, tíos y abuelitas no paran. La gente siempre se ha maravillado de que ciertas características vayan pasando de una generación a otra. Uno de los primeros en encontrar la explicación fue: HIPÓCRATES.

Cuadro de honor: Hipócrates (460-? a. C.)
Nadie sabe con seguridad cuándo murió
Nacionalidad: griega

Hipócrates es famoso por toda clase de cosas. A veces se le ha llamado «el padre de la medicina» porque inventó el modo de averiguar lo que le pasaba a la gente enferma e intentó encontrar el remedio. Incluso hoy en día los médicos hacen el «Juramento Hipocrático», que consiste en prometer que harán todo lo que esté en su mano por el bien de sus pacientes y que jamás les perjudicarán.

LA VERDAD, MR. CRUSHER, ESTO ES MALO PARA LA PRESIÓN DE SU SANGRE Y FORZARÁ LOS MÚSCULOS DE SU MANO.

Hipócrates ideó una hipótesis para explicar cómo los padres transmiten sus características a sus hijos.

CIERTAS CARACTERÍSTICAS, COMO OJOS AZULES, NARIZ GRANDE Y PIERNAS LARGAS PASAN DE PROGENITORES A HIJOS.

CADA PARTE DEL CUERPO DEL PADRE Y DE LA MADRE PRODUCE UNAS MISTERIOSAS GOTITAS QUE SE MEZCLAN PARA REPRODUCIR ESAS PARTES EN SU BEBÉ.

Hipócrates se equivocó de medio a medio. Después de todo, si mezclas los colores en una caja de pinturas, siempre obtienes el mismo color parduzco al final. Todos los colores individuales desaparecen en la mezcla. De manera que, si las características de ambos padres se mezclaran en sus hijos, toda la familia pronto tendría el mismo aspecto poco más o menos.

Si un hombre alto y una mujer bajita tuvieran niños, *todos* resultarían de estatura mediana, y luego todos *sus* hijos serían también de estatura mediana; y todos sus nietos, también. ¡Qué aburrimiento!

Darwin sabía que en esta idea había algo de verdad. Su teoría de la evolución dependía de que los individuos transmitieran sus distintas características a sus hijos. De no hacerlo, los mutantes no podrían traspasar las partes útiles de su cuerpo a sus hijos. Y la evolución no se produciría.

La explicación de Hipócrates duró 2300 años. Ya era hora de encontrar una nueva teoría, y la persona que lo logró fue: GREGOR MENDEL.

Cuadro de honor: Gregor Mendel
(1822–1884) Nacionalidad: austríaca
(pero nacido en la actual República Checa)
Mendel procedía de una familia de campesinos, de modo que darle una educación decente fue muy duro para ellos. Sin embargo, sus padres sabían que su hijo era un chico inteligente y

consiguieron reunir dinero suficiente para enviarlo al colegio y luego a la universidad. Al fin, Mendel se hizo monje, pero en él había algo distinto: Mendel era un monje con pasión por las plantas. En particular, por los guisantes. Pasaba la mayor parte del tiempo en el jardín.

Igual que Darwin, emprendió un gran viaje de descubrimiento, pero Gregor sólo llegó hasta el fondo del jardín donde estaban las verduras. Cada año entre 1856 y 1863 llenaba su jardín de guisantes: 30.000 plantas en total: altas, bajas, amarillas, verdes, con semillas arrugadas, lisas, etcétera. Luego polinizaba las flores con un pincel, recogía las semillas que producían y volvía a sembrarlas.

¿Te atreves a descubrir por ti mismo cómo funcionan las flores?

Necesitarás:

Un pincel pequeño.

Algunas semillas de flores; las capuchinas son ideales para este experimento.

Una maceta.

Tierra abonada donde sembrar las semillas.

Cómo debes hacerlo:

Siembra las semillas, riégalas y espera a que crezcan y florezcan. Cuando se abran las flores, utiliza el pincel para recoger algunos granos de polen. Como ya debes saber, eso es lo que las abejas recogen y transportan de flor en flor. Con el pincel, coloca el polen en los estigmas de la flor, donde fertilizará y formará las semillas. Luego, todo lo que has de hacer es plantar las semillas y esperar a que germinen y crezcan.

Aquí tienes un dibujo para recordarte qué es cada cosa y dónde está en la flor:

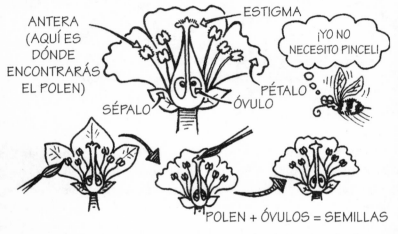

Mendel hizo el trabajo de las abejas y llevó el polen de flor en flor, de modo que así sabía exactamente qué flores emparejaba.

Una vez que las flores se habían convertido en semillas, Mendel pasaba todo su tiempo libre ordenándolas según los distintos tipos y contándolas. Después volvía a sembrarlas y contaba todas las plantas distintas que crecían de las semillas: arrugadas, lisas, plantas altas, plantas bajas. Luego cogía su pincel y volvía a polinizar todas esas plantas. Mendel era un monje con una misión: averiguar de qué modo los seres vivos pasaban sus características de uno a otro, sin importarles el tiempo que tardaran.

Un día, tras años y años de tedioso trabajo, a Mendel se le ocurrió una idea luminosa (¡Por fin!).

Pensó que seguramente cada característica era transmitida en una partícula diminuta según una ley matemática que nunca cambiaba. Y, si quería saber qué aspecto tendría la nueva generación, todo lo que debía hacer era mirar las características de cada progenitor y recordar algunas reglas sencillas.

Reglas de oro de Mendel

1 Características, como el color de la flor en las plantas y el tamaño de la nariz o las rodillas huesudas en los humanos, pasan de padres a hijos a través de partículas invisibles que hay en el interior de sus células.

2 Una partícula distinta transmite las instrucciones de cada característica.

3 Las partículas funcionan a pares, y cada una de cada par viene de cada uno de los padres.

4 Existen dos formas distintas de partículas: *las dominantes*, que significa que sus efectos siempre reaparecen; y *las recesivas*, lo cual significa que los efectos de una partícula recesiva pueden quedar ocultos detrás de los efectos de una dominante. Pero, si se emparejan dos partículas recesivas, entonces sus efectos siempre reaparecen en la planta o animal que las transporta.

Funciona así:

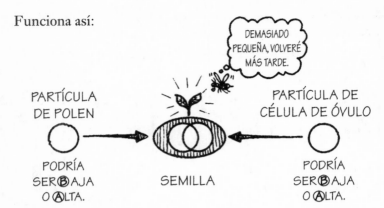

PARTÍCULA
DE POLEN

PARTÍCULA DE
CÉLULA DE ÓVULO

SEMILLA

PODRÍA
SER (B)AJA
O (A)LTA.

PODRÍA
SER (B)AJA
O (A)LTA.

En este ejemplo, recuerda estas reglas: las partículas altas son las dominantes, las bajas son las recesivas.

Por tanto...

Una partícula alta emparejada con otra partícula alta produce una planta alta.

Una partícula alta emparejada con otra baja produce una planta alta (la baja es recesiva, de modo que sus efectos quedan ocultos detrás de la alta).

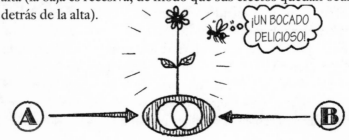

Una partícula baja emparejada con otra también baja produce una planta baja.

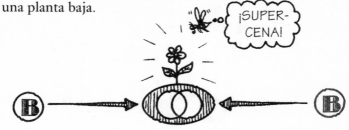

Datos fantásticos

- En la actualidad, a las partículas de Mendel las llamamos genes. Todas las características de los seres vivos están controladas por genes que pasan de padres a hijos. Son como una serie de instrucciones que llevan en su interior las células de tu cuerpo.

- Incluso un organismo microscópico, como una bacteria, está controlado por más de 10.000 genes. Son necesarios unos 100.000 genes para proporcionar una serie completa de instrucciones y para hacer algo tan complicado como un ser humano.

- Las mutaciones tienen lugar cuando los genes cambian. Los genes mutados son el medio que tiene la naturaleza para cambiar ligeramente las instrucciones e inventar nuevas partes de un cuerpo.

El descubrimiento de Mendel inició una nueva ciencia llamada Genética. Desde entonces han proliferado científicos llamados «genetistas».

Pero éstos no podían estudiar los genes si no sabían dónde estaban. A principios del siglo XX, los genetistas se tiraban de los pelos intentado encontrar esas diminutas partículas. No sin gran sorpresa, se dieron cuenta de que los habían estado viendo durante años.

Bueno, eso no es del todo cierto. En realidad no se puede ver un solo gen ni siquiera con un microscopio potente. Es demasiado pequeño. Pero se pueden ver cuando miles de ellos se reúnen en un lugar. Y el lugar donde hay que mirar es la célula.

CITOPLASMA = VISCOSIDAD PARECIDA AL MOCO.

NÚCLEO = CENTRO DE INFORMACIÓN DONDE LOS GENES ENVÍAN UN TORRENTE DE INSTRUCCIONES A LA CÉLULA.

¡VAMOS CÉLULA, MUÉVETE!

MITOCONDRIAS = CENTRALES DE ENERGÍA QUE TRANSFORMAN LOS ALIMENTOS EN ENERGÍA.

Siete datos sensacionales de las células

1 Insectos, plantas, animales, bacterias... desde las hormigas a los elefantes, todos los seres vivos se componen de células.

2 Las células suelen ser diminutas. Si colocaras en fila cuarenta células vegetales de tamaño medio sólo alcanzarían la anchura de la cabeza de un alfiler.

3 ¡Si los hombres tuviésemos las mismas células que las plantas, seríamos verdes! Las células de cada planta tienen un color verde especial gracias a los cloroplastos brillantes que convierten la luz del sol, el agua y el dióxido de carbono en alimento.

4 Cuando te comes un huevo frito, ¡en realidad te has comido una célula gigante frita! Los huevos de ave son especiales, se componen de una sola célula recubierta de una cáscara dura que le ayuda a sobrevivir dentro de su envoltorio.

¿PUEDO TOMAR PATATAS FRITAS CON LA CÉLULA GIGANTE DE MI GALLINA, MAMI?

5 Los huevos de avestruz pesan 1 kg aproximadamente, de modo que poseen el récord de ser las células de mayor tamaño del mundo.

6 Si te quitas la ropa y te miras en un espejo, todo lo que verás está muerto. Todas las células externas de tu piel han muerto y se desprenden. Pero te aliviará saber que las células que tienes debajo de la epidermis no cesan de dividirse para formar capas de células nuevas. ¡Tienes una capa nueva de piel cada seis semanas!

NO, ESTA NOCHE NO, PEPE. VOY A ESPERAR A QUE ME SALGA LA PIEL NUEVA.

7 La caspa que ves en el cuello de tu profesor son células muertas. Cuando las células están vivas, los genes de su interior contienen toda la información para producir una copia exacta de tu profe.

Cromosomas increíbles

Volviendo a los tiempos de Mendel, los científicos tenían microscopios lo suficientemente potentes como para detectar los núcleos de la célula. Y a veces, en el interior del núcleo, identificaban unas cosas largas como gusanos. A esas cosas las llamaron cromosomas. *Cromo* significa coloreado, y *somas*, cuerpo. Tienen algo de color si se las compara con las células, que son transparentes.

Los cromosomas son increíbles:

1 Los cromosomas transportan todos tus genes como una ristra de ajos.

2 La mayor parte del tiempo van paseando por parejas. Distintos animales y plantas tienen diferente número de cromosomas.

Tú tienes 46 (23 pares)

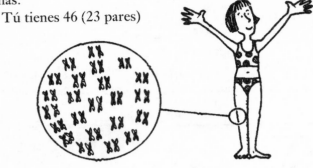

Las moscas domésticas tienen 12 (6 pares):

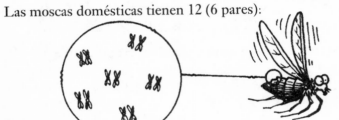

Pero el helecho lengua de serpiente tiene el récord con 1.260 (630) pares. Increíble. ¡Nadie sabe para qué necesita tantos!

3 Cuando te crece la piel y sus células se dividen, a los cromosomas de su interior les ocurren cosas muy extrañas, tales como dividirse, de modo que cada célula nueva lleva una serie completa de instrucciones con todo lo que necesitan saber para formar parte de ti.

4 Una célula de ovario (óvulo) de hembra humana y un espermatozoide masculino transportan sólo 23 cromosomas cada uno. Cuando se juntan para forman un bebé, las dos series de cromosomas forman una serie de 46 cromosomas, la mitad de la madre y la otra mitad del padre.

5 De modo que una mitad de tus genes proviene de tu madre, y la otra mitad, de tu padre. Las series de genes o cromosomas de las células del ovario o el espermatozoide son todas ligeramente diferentes, y nadie puede saber qué células del ovario y qué células del espermatozoide se unirán para formar un nuevo ser. De manera que —a menos que tengas un hermano gemelo idéntico— no hay nadie en el mundo que sea *exactamente* igual a ti.

Historia enlatada de genética

Hoy en día, los científicos saben mucho más de los genes que Mendel. Incluso saben de qué están hechos gracias a: JAMES DEWEY WATSON.

Cuadro de honor: James Dewey Watson
(1928) Nacionalidad: estadounidense

Watson creció en Chicago. Incluso de jovencito demostró tener un cerebro asombroso y entró en la Universidad de Chicago a la tierna edad de 15 años.

A los 25 años de edad (la mayoría de científicos son unos ancianos), él y su compañero Francis descubrieron el ADN.

Francis Crick (1916) Nacionalidad: británica

Cuando era un niño, los padres de Crick le compraron una enciclopedia infantil y, al leerla, decidió ser científico. Pero le preocupaba que, cuando fuese mayor, ya estuviera todo descubierto. ¡Qué poco imaginaba que junto con Watson haría uno de los mayores descubrimientos: la estructura del ADN!

Watson y Crick trabajaban juntos en la Universidad de Cambridge. En aquellos días, James Watson pasaba la mayor parte del tiempo haciendo un mapa de todos los genes que suministran las instrucciones para formar un ser humano. Crick siguió investigando para descubrir cómo funciona el cerebro, pero ambos fueron más famosos por descubrir la estructura del ADN, la molécula mágica de la vida que apareció por primera vez en los cienos marinos primigenios hace 3500 millones de años. Ganaron con ello el Premio Nobel de Medicina o Fisiología.

Una idea terrible

El ADN que existió en el interior de la primera bacteria hace 3500 millones de años aún sobrevive en nuestro interior en una forma mutada. Estaba en el interior de los primeros gusanos viscosos y de aquellos artrópodos marinos gigantes, también en los dinosaurios y, finalmente, ha llegado a los seres humanos. Todo ese tiempo ha ido mutando y desarrollando nuevos elementos del cuerpo para conseguir que éste llegara sano y salvo a la siguiente generación. Todas las especies animales que han vivido en la Tierra han sido construidas por moléculas de ADN. Nosotros somos las últimas criaturas de esa evolución y llevamos con nosotros ese antiguo ADN evolucionado.

Lo cual significa que en realidad no somos más que mensajeros que transportan esa asombrosa molécula. La vida evoluciona sólo para asegurarse de que los genes formados por moléculas de ADN sobrevivan.

Un científico británico, el profesor Richard Dawkins (1941-) tuvo una idea respecto a la molécula de ADN, a la que llamó teoría del gen egoísta.

> CON TAL DE QUE EL ADN SE TRANSMITA, NO IMPORTA QUÉ O QUIÉN SALGA PERJUDICADO DURANTE EL PROCESO. A LOS GENES NO LES IMPORTA EL SUFRIMIENTO, PORQUE NO LES IMPORTA NADA DE NADA.

Sugiere que todas las plantas y animales son esclavos de esta asombrosa molécula. Nosotros existimos sólo para asegurar que los genes de las moléculas de ADN sobrevivan. Otros científicos no están de acuerdo... ¡Naturalmente!

> ¡AJÁ! YA VEO QUE TIENE UNA NUEVA HORNADA DE MOLÉCULAS DE ADN.

> ESTO... BUENO, ES UNA MANERA DE DECIRLO.

La teoría de la evolución de Darwin fue arraigando una vez que los científicos descubrieron que la evolución tiene lugar porque los genes cambian, de modo que los mejores elementos del cuerpo pasen de generación en generación. Pero no proporciona todas las respuestas. El que una especie pueda evolucionar hacia una nueva supuso que los científicos necesitaran encontrar urgentemente la respuesta a una pregunta nueva y muy difícil: ¿Dónde acaba una especie y comienza otra nueva?

ESPECIES DISTINTAS

La teoría de Darwin de la evolución trata de todas las formas en que las especies remotas cambian hasta convertirse en una nueva. Así que... ¿qué es exactamente una especie? Puede que te arrepientas de haber hecho esta pregunta.

Es un hecho reconocido que, si haces la misma pregunta a dos científicos, si tienes suerte tendrás por lo menos tres respuestas distintas.

¿EL CHOCOLATE ES BUENO PARA LA SALUD?

DESDE LUEGO, ESTÁ LLENO DE ENERGÍA, LO QUE NECESITA UNA JOVEN ACTIVA COMO USTED.

¡DESDE LUEGO QUE NO! ESTROPEA LA DENTADURA.

Si no tienes suerte responderán a tu pregunta con otra.

¿CUÁL ES EL MAMÍFERO DE MAYOR TAMAÑO?

¿DE LA TIERRA O DEL MAR? EN EL MAR ES LA BALLENA AZUL, Y EN TIERRA, EL ELEFANTE AFRICANO.

54

Es también un dato muy conocido que, si preguntas dos veces lo mismo a un científico, probablemente te dará dos respuestas distintas.

Los científicos son así. No saben decidirse. Siempre buscan la fórmula que dé una prueba concluyente. No paran de cambiar de opinión. Y en realidad eso era de esperar, puesto que constantemente se descubren cosas nuevas. ¿Para qué necesitas saber lo que es una especie? Porque lo que viene ahora en esta historia es bastante complicado. El problema es que, incluso hoy en día, los científicos no se ponen de acuerdo para describir una especie con exactitud. Lo cual es una desventaja si intentas explicar cómo evolucionan las especies.

¿Desconcertado? Ellos también. Es un lío terrible, pero hacen todo lo posible por aclararlo.

¿Sabes distinguir una especie?

¿Facilísimo?

¡Seguro que estás de broma!

Crees que puedes identificar muchas especies sólo con observarlas de cerca. Al fin y al cabo, eres capaz de diferenciar la mayoría de plantas silvestres por la forma de sus hojas y por el color de sus flores.

Y sabes distinguir las distintas serpientes por los dibujos de su cuerpo.

Y puedes identificar a la mayoría de peces por su tamaño, formas y colores, incluso por su comportamiento:

Todo esto resulta muy útil. El mundo sería un lugar peligroso para las personas incapaces de distinguir un gato doméstico de un puma sólo con verlos. Si tú no eres capaz de hacerlo, ten mucho cuidado la próxima vez que acaricies a un gato.

Pero (y ya habrás adivinado que la palabra «pero» es una de las favoritas de los científicos) la única manera fiable de estar seguro de que dos especies son distintas es comprobar que no pueden reproducirse la una con la otra. Y el problema es que un sorprendente número de especies que parecen distintas, en realidad pueden criar juntas.

Por ejemplo, los gatos domésticos y los gatos monteses de Escocia. Pueden criar juntos y sus cachorros tendrán características de las dos especies: te morderán los dedos y luego ronronearan satisfechos.

Los animales que pueden reproducirse entre sí son un verdadero problema para los científicos que estudian la evolución, porque no pueden estar seguros de dónde acaba una especie y comienza otra. Por ejemplo, veamos la ridícula situación del pato malvasía cariblanca (*Oxyura jamaicanensis*) norteamericano y de su pariente europeo, el pato malvasía común de cabeza blanca (*Oxyura leucocephala*).

COMPORTAMIENTO IMPREVISTO DE LA MALVASÍA CARIBLANCA

Las malvasías comunes de cabeza blanca no habían visto a sus parientes americanos durante miles de años, de modo que fue un día feliz para ellos cuando Sir Peter Scott los juntó de nuevo. Sir Peter trajo la variedad americana y los soltó en una reserva de aves británica.

BRILLANTE REPRODUCCIÓN
Los patos americanos se adaptaron muy deprisa y pronto las huellas de sus patitas demostraron que

habían llegado para quedarse. Algunos incluso empezaron a viajar por Europa y emigraron hasta España, donde viven sus parientes, los patos de cabeza blanca.

CARAS ROJAS

Pero las cosas empezaron a ir muy mal. Si Sir Peter Scott todavía viviera, su cara enrojecería al darse

¡CIELO SANTO!

cuenta del caos que sus patos americanos habían causado. Por desgracia, los patos americanos parecían pensar que pertenecían a la familia de los patos malvasía común de cabeza blanca. Las familias eran muy distintas, pero cuando los europeos y los americanos se apareaban sólo producían crías más rojizas. No se veía ni una sola cabeza blanca. ¡De modo que tal vez no pase mucho tiempo antes de que la última malvasía común de cabeza blanca desaparezca!

MALA SUERTE PARA LOS PATOS AMERICANOS

La malvasía de cabeza blanca era ya rara, por lo que los expertos en aves van detrás del pato americano y han preparado sus escopetas. Así pues, que se preparen los patos americanos porque o se acaba con ellos o desaparecerán los europeos.

¡PATO!

En realidad, el pato americano y el europeo de cabeza blanca son de la misma especie, aunque su aspecto sea distinto. Es una sola especie que está en vías de dividirse en dos especies separadas, lo que todavía no ha ocurrido. Todo ello viene a demostrar que el viejo Darwin tenía razón: las especies no fueron creadas todas a la vez ni han permanecido tal cual desde el principio de los tiempos. No cesan de cambiar un poco cada vez. La malvasía cariblanca y la malvasía común de cabeza blanca, cuando se aparean, producen polluelos que crecen con la cabeza más oscura y que se crían con ambos progenitores. Los biólogos los llaman híbridos.

De manera que te preguntas: «¿Qué es una especie?» Como diría cualquier científico decente, una especie es:

a) Un grupo de criaturas de aspecto similar...

b) ... o un grupo de criaturas que no pueden aparearse con otro grupo de criaturas similares o no.

Dos respuestas. ¿Qué esperabas? ¡Esto es la ciencia! Las ideas de los científicos también evolucionan, como la vida.

Pregúntale a tu profesor:

Si sabe distinguir una verdadera especie. Que diga cuál de estos horribles híbridos es demasiado ridículo para ser real.

a) Los tigrones son híbridos que tienen una leona por madre y un tigre por padre.

b) Cuando una cebra macho se aparea con una yegua (o un caballo con una cebra) nace un híbrido llamado cebroide.

c) El pez minino es un híbrido entre un pez perro y un pez gato.

Respuestas: a) verdadero b) verdadero c) ridícula.

Los híbridos crean graves problemas a los científicos que tratan de explicar cómo funciona la evolución. Las especies se forman cuando una especie evoluciona en otra nueva, pero ¿cómo puede ser distinta la especie nueva si no cesa de aparearse con la de antes? De algún modo, las especies pretéritas y las nuevas tienen que llegar a separarse por completo. Es un problema difícil de resolver. De hecho, es un problema que ha traído de cabeza a muchas mentes desde Darwin.

Afortunadamente, los científicos han encontrado la explicación de cómo las especies se dividen en dos. Es parecido a cómo los ingleses y los norteamericanos han llegado a hablar distintas versiones del mismo idioma.

En 1620, cuando 120 emigrantes ingleses embarcaron en el *Mayflower* hacia América, todos hablaban el mismo inglés que en Inglaterra.

Pero, desde entonces, los norteamericanos y los ingleses han empleado distintas palabras para decir lo mismo.

Naturalmente que ingleses y norteamericanos no han evolucionado en dos especies distintas, pero imagínate lo que debió ser para los animales que habían estado separados millones de años, encontrarse de nuevo. No entendían sus mutuos graznidos, chirridos y cantos, de modo que se ignoraron unos a otros y se comportaron como especies separadas.

En la naturaleza, toda clase de barreras pueden dividir una especie en pequeños grupos de criaturas que empiezan a evolucionar por separado. Pueden separarlas:

- Ríos, terremotos o erupciones volcánicas.

- Cadenas de montañas.
- Tierras sumergidas que dejan a los animales atrapados en una isla, sobre las olas.

- Puentes que se rompen. Siberia (en Asia) estuvo unida a Alaska (en América) por una lengua de tierra que se hundió bajo el mar. En otros tiempos, una sola especie de oso podía pasear de un continente a otro. Ahora han evolucionado dos tipos de osos, los pardos en Norteamérica y los negros en Asia, separados por el mar.

- Tierras que emergen y dejan separados a los animales marinos.

¡SE ELEVA!

Algunas veces, los animales se convierten en náufragos. Son arrastrados al mar hasta que llegan a las islas. ¿Recuerdas las tortugas gigantes y los pinzones que Darwin encontró en las islas Galápagos?

Pregúntale a tu profesor...

... si sabe responder a este problema.

Los mesosaurios eran unos reptiles que pasaban el tiempo bañándose y tomando el sol en los lagos de agua dulce hace 300 millones de años.

Hoy en día están extinguidos, de modo que solo encontramos sus fósiles en las profundas minas de carbón de África y América del Sur.

Entonces, ¿cómo es posible que se hayan encontrado fósiles idénticos de mesosaurio en dos continentes distintos, separados por miles de kilómetros de agua salada?

1 Nadaban de un lado a otro del océano Atlántico, de manera que la misma especie vivía en ambos continentes.

AMÉRICA · ÁFRICA

2 Lo cruzaron encima de troncos.

3 Lo atravesaron caminando por un puente de tierra que desapareció bajo las olas.

4 Idénticos mesosaurios evolucionaron por separado, durante la misma época, en cada continente.

5 Hace 300 millones de años, América del Sur y África estaban unidas cuando vivían los mesosaurios. Más tarde, se partieron en dos y se alejaron llevando consigo a cada continente restos fosilizados de mesosaurios.

Cuadro de honor: Alfred Lothar Wegener
(1880-1930) Nacionalidad: alemana

Alfred Wegener tuvo una vida pintoresca. Una vez finalizados sus estudios en la Universidad de Heidelberg, el soñador Wegener primero se hizo astrónomo, luego aeronauta y consiguió batir el récord de permanencia en el aire volando 52 horas en globo para probar instrumentos científicos. Siempre en busca de aventuras, fue explorador polar y viajó a las heladas tierras de Groenlandia, donde en cierta ocasión estuvo a punto de perder la vida cuando el hielo se partió bajo los pies de su expedición. Wegener encontró toda clase de climas, en un sentido y en otro, durante sus vuelos en globo y mientras resbalaba por los icebergs, hasta que al fin se asentó para ejercer como profesor de meteorología, nombre con que se designa a los científicos que estudian el tiempo.

Entonces tuvo una idea. Decidió que los continentes se mueven bajo nuestros pies. Muy lentamente, pero no cabe duda de que se mueven. Resulta evidente, la verdad.

Mirando el atlas, Wegener vio que América del Sur y África en algún momento habían estado unidas.

> NO HAY MÁS QUE MIRAR LOS MAPAS DE AMBOS CONTINENTES PARA VER QUE TENGO RAZÓN. LA COSTA ESTE DE AMÉRICA DEL SUR ENCAJA PERFECTAMENTE CON LA COSTA OESTE DE ÁFRICA. LA TIERRA SE PARTIÓ Y SE SEPARARON

Wegener llamó a su teoría «la deriva continental».

> EL CENTRO DE LA TIERRA ES TAN CALIENTE QUE TODAS LAS ROCAS SE HAN FUNDIDO HASTA CONVERTIRSE EN UN LÍQUIDO BLANCO Y ARDIENTE. A VECES, ESTA MASA FUNDIDA ROMPE LA CORTEZA SÓLIDA Y SALE AL EXTERIOR EN FORMA DE VOLCÁN.

> TODOS LOS CONTINENTES FLOTAN SOBRE UN NÚCLEO FUNDIDO Y VAN A LA DERIVA. A VECES SE PARTEN Y SEPARAN PARA FORMAR CONTINENTES DISTINTOS. OTRAS, SE JUNTAN PARA FORMAR UNO NUEVO.

> ¡PALABRERÍA! ¡TONTERÍAS! ¡BOBADAS! ¡CUENTOS!

En 1930, Wegener partió para realizar otra expedición a Groenlandia. Por desgracia, ya no regresó ni vivió para ver el día en que se pudo demostrar que su teoría era cierta. Los geólogos de hoy en día han probado sin lugar a dudas que los continentes terrestres se han ido desplazando lentamente desde hace millones de años.

¿Te atreves a comprobar por ti mismo que los continentes son como natillas?

La deriva continental es difícil de comprobar porque se va sucediendo muy lentamente. Incluso es más lenta que la evolución. Pero aquí tienes un experimento que demuestra cómo se produce, sin tener que esperar varios años para ver el resultado.

Necesitarás:
Un cuenco grande de natillas calentitas derretidas.
Dos trozos de plástico transparente.
Tres patatas chips con sabores distintos (una a queso y cebolla; otra con sal y vinagre, y otra con sabor a cóctel de gambas). Un objeto pequeño y pesado: como una llave, por ejemplo.

Cómo debes hacerlo:
1 Coloca los dos trozos de plástico transparente encima de las natillas. Luego pon las patatas chips encima del plástico transparente como se indica:

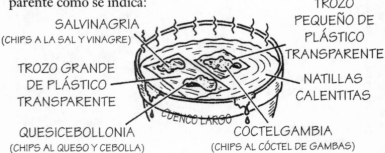

SALVINAGRIA
(CHIPS A LA SAL Y VINAGRE)

TROZO GRANDE
DE PLÁSTICO
TRANSPARENTE

QUESICEBOLLONIA
(CHIPS AL QUESO Y CEBOLLA)

CUENCO LARGO

TROZO
PEQUEÑO DE
PLÁSTICO
TRANSPARENTE

NATILLAS
CALENTITAS

CÓCTELGAMBIA
(CHIPS AL CÓCTEL DE GAMBAS)

2 Acabas de crear el extraño planeta del Mundo de las Natillas. Aquí, tres continentes flotan en un mar de natillas a bordo de tres plataformas de plástico transparente.

3 Ahora elige un punto entre Salivinagria y Quesicebollonia y pon la llave sobre el plástico de modo que empiece a hundirse en el núcleo derretido de las natillas.

Y ahora:
* Maravíllate de cómo Salivinagria y Quesicebollonia se juntan y sus cortezas chocan en la superficie ¡como si se sintieran arrastradas por el plástico al hundirse!
* ¡Te quedarás sin aliento al ver cómo Quesicebollonia y Coctelgambia se separan!
* Te fascinará ver cómo las natillas entre Quesicebollonia y Coctelgambia se solidifican con el aire frío y añaden una nueva superficie sólida al borde del continente de plástico transparente!

Deriva continental

La deriva de los continentes funciona de modo similar tanto en el planeta Tierra como en el Mundo de las Natillas. Continentes como África, América del Sur y Australia son placas tectónicas que flotan en el núcleo fundido de la Tierra.

NÚCLEO FUNDIDO

PLACA

Las cadenas de montañas son el resultado del choque de continentes. El terreno no tiene más remedio que subir hacia arriba cuando las placas rocosas se empujan unas a otras.

HIMALAYA

HACE MILLONES DE AÑOS QUE LA INDIA CHOCÓ CON ASIA.

INDIA

AHORA

LA CORTEZA DE LA TIERRA SE LEVANTA.

¡BIEN! OCÉANO

LA DISTANCIA ENTRE CONTINENTES SE AGRANDA.

AHORA

LA CORTEZA TERRESTRE SE HUNDE

¡DIANTRES!

LA DISTANCIA ENTRE CONTINENTES SE REDUCE.

68

En algunos lugares, la lava fundida de volcanes submarinos emerge a la superficie entre los estratos, obligándoles a separarse.

DENTRO DE 20 MILLONES DE AÑOS.

En otros lugares, la corteza terrestre es empujada. Una capa se mete debajo de otra y se hunden en el núcleo fundido de la Tierra. Es la causa de que los continentes se acerquen unos a otros.

DENTRO DE 50 MILLONES DE AÑOS.

Pregúntale a tu profesor

África y América del Sur se siguen separando. ¿A qué velocidad?

a) ¿A 2 km por año?

b) ¿A 20 km por año?

c) ¿A 3 m por año?

d) ¿A unos 5 cm por año?

¿Y qué tiene todo esto que ver con la formación de las especies? Bien, cuando los continentes se parten y se separan, varios grupos de especies de animales se encuentran aislados en distintos continentes y cada grupo empieza a evolucionar de un modo distinto. Y esto explica por qué...

- En África hay elefantes, jirafas y leones, pero no se les ve en América del Sur. Y tampoco encontrarás las llamas y jaguares de América del Sur o en África. Estos animales evolucionaron en los lugares donde viven hoy, después de que los continentes se partieran y quedasen separados por el Atlántico Sur.

HACE 200 MILLONES DE AÑOS.

HOY

¡ES COMO UN PUZZLE!

- Hay fósiles de las mismas plantas y animales en las viejas rocas de América del Sur, Australia y la Antártida. Estos tres continentes estuvieron una vez unidos entre sí. Ahora están partidos y separados por el mar.

- Los primeros exploradores encontraron fósiles de seres marinos en las cimas de las montañas. Las rocas que componen las montañas se formaron bajo el mar. Los seres marinos se convirtieron en fósiles en el cieno del fondo marino. Luego, los continentes colisionaron, por lo que la corteza terrestre se retorció como una alfombra arrugada y el fondo del mar fue impulsado al exterior para formar las montañas.

- Algunos de los fósiles que se encuentran en Gran Bretaña son restos de animales como los corales, que vivieron en mares cálidos y tropicales. Ello ocurre porque, hace millones de años, Gran Bretaña estaba al sur del ecuador y ha ido desplazándose lentamente hacia el polo Norte desde entonces. Hoy en día no hay corales vivos alrededor de sus costas —el agua es demasiado fría—, pero esos fósiles recuerdan que una vez mares tropicales rodearon las islas británicas.

De manera que así es cómo se forman las especies. Grupos de animales se separan y evolucionan en nuevas especies, pero cuando se forman las nuevas, las anteriores suelen extinguirse. Y no sabríamos que han existido a no ser porque algunas de ellas se convirtieron en fósiles.

F🐚SILES FASCINANTES

Las discusiones por el tema de la evolución han continuado hasta hoy. La teoría de Darwin convenció a mucha gente, pero durante un tiempo no fue más que una teoría interesante. ¡Igual que la teoría de la deriva de los continentes, que ha necesitado más pruebas! E incluso desde que Darwin murió, los científicos de todo el mundo han seguido buscando pistas para desentrañar la horrible historia de la vida en la Tierra.

Los científicos saben todo lo referente a los dinosaurios y a otros animales extintos porque sus restos enterrados se han conservado como fósiles. Seguro que tú también habrás oído hablar de dinosaurios y es probable que hayas leído bastante sobre ellos, pero ¿conoces la gran diversidad de criaturas extrañas que reptaron por nuestro planeta hace millones de años? Los científicos han encontrado fósiles y han ido recogiendo datos.

Datos fantásticos de los fósiles

1 Cuando morían los animales de antes, a menudo quedaban cubiertos por capas de lodo, sobre todo si vivían en el agua. Por lo general, sus partes blandas se pudrían rápidamente, pero sus dientes, sus garras y sus huesos solían petrificarse después de quedar enterrados y se convertían en fósiles.

1 ANIMAL MUERTO — FONDO MARINO

2 LAS PARTES BLANDAS SE PUDREN.

3 LAS PARTES DURAS ENTERRADAS BAJO EL LODO SE DISUELVEN. LODO

4 LOS MINERALES LLENAN LOS ESPACIOS VACÍOS Y SE PETRIFICAN.

2 La palabra fósil ha evolucionado de una palabra latina, *fosilis*, que significa «desenterrado».

3 La primera vez que se encontraron fósiles no se sabía lo que eran. Una de las teorías decía que aquellas extrañas criaturas, nada parecidas a lo que había en la Tierra, sólo podían venir de un sitio: ¡del Infierno! Se creía firmemente que los fósiles eran pedazos de demonios y dragones. Desde entonces, la ciencia ha demostrado que esos fragmentos de bestias míticas son en realidad partes de animales que en un tiempo habitaron la Tierra.

CUERNOS DE DEMONIO: CONCHAS FÓSILES DE AMONITAS PARECIDAS A CALAMARES Y EXTINGUIDAS HACE UNOS 65 MILLONES DE AÑOS.

DIENTES DE DEMONIO: DIENTES DE TIBURÓN FÓSILES.

UÑAS DE MANOS Y PIES DEL DIABLO: CONCHAS FÓSILES DE BRAQUIÓPODO, ANIMALES PRIMITIVOS CON ASPECTO DE MEJILLÓN.

4 La belemnita es un fósil en forma de bala que, cómo sabemos ahora, formó la parte dura de unos animales extinguidos semejantes al calamar. Cuando se encontraron las primeras belemnitas se pensó que eran proyectiles lanzados a la Tierra por los dioses con los rayos de las tormentas.

5 Los que estudian los fósiles se llaman paleontólogos. Tratan de reconstruir los esqueletos de animales prehistóricos con los huesos fósiles que desentierran. A veces tienen suerte y encuentran un esqueleto entero, pero frecuentemente sólo hallan unos cuantos huesos desperdigados. Reconstruir un esqueleto fósil es como montar un rompecabezas gigantesco, y puede ser terriblemente difícil y desconcertante si las piezas no son más que un saco de huesos. Costó varios intentos reconstruir el *Tyrannosaurus rex*, y algunos paleontólogos todavía discuten si se hizo bien.

Es cierto que en algunas ocasiones se equivocan:

- A diversos trozos fósiles de árbol les pusieron distintos nombres científicos porque los paleontólogos no se dieron cuenta de que formaban parte de la misma planta.

- Los mismos errores se cometieron con fósiles de animales. Al principio, cuando los científicos encontraron tres clases de extraños fósiles de 500 años de antigüedad, creyeron que se trataba de especies distintas y a cada uno se le dio un nombre. Al fin se percataron de que encajaban para formar el *Anomalocaris*, un extraño depredador marino que vivió en el fondo del mar hace unos 500 millones de años.

Reconstrucciones repelentes

Con un poco de práctica, los paleontólogos adquirieron gran habilidad para reconstruir animales fósiles, y algunas de aquellas criaturas tanto tiempo desaparecidas resultaron ser espeluznantes depredadores.

Nombre: EURYPTERUS, artrópodo marino gigante.

Tamaño: Largo como un cocodrilo.

Vivió: Hace 435 millones de años.

Características más aterradoras: Su ferocidad. Por lo que bañarse en el mar cuando merodeaban por allí tales bichitos debía de ser de lo más divertido.

Nombre: DIATRYMA, pájaro endemoniado.

Tamaño: Incapacitado para volar, medía más de dos metros de altura. Moraba en las planicies cubiertas de hierba de Europa y Norteamérica.

Vivió: Hace 40 millones de años.

Características más temibles: Probablemente, comía caballos. Tenía un pico agudo como un abrelatas gigante con el que habría podido partirte por la mitad.

Nombre: SMILODON, tigre con dientes de sable, de la familia de los félidos.

Tamaño: Algo mayor que los tigres de hoy.

Vivió: Hace 16.000 años.

Características más temibles: Se ocultaba entre los arbustos para atacar a todo el que se aproximara. Tropezarse con un smilodon no era cosa de broma. Su nombre significa «dientes de sable» y su horrible sonrisa dejaba al descubierto dos colmillos gigantes largos como sables e igual de peligrosos.

Excrementos petrificados

Para un científico que estudia la evolución no hay nada tan fascinante como una masa de heces fosilizadas. A propósito, «heces» es el nombre científico de un montón de caca.

Afortunadamente, no todos los animales consiguen digerir cuanto comen. Algunos fragmentos interesantes de comida suelen quedar en las heces que dejan tras de sí. Si estas heces encuentran condiciones adecuadas —como un pantano donde no haya oxígeno para que vivan las bacterias que normalmente se las comerían—, entonces los excrementos se conservan y se fosilizan.

Montones de humeantes excrementos de dinosaurio se han convertido en roca sólida llena de curiosos fragmentos de plantas. Millones de años después de que un animal haya defecado su última comida, los científicos pueden explorar los excrementos solidificados y averiguar a quién pertenecieron o qué comía.

Los científicos llaman *coprolitos* a esas masas de heces. Y algunos coprolitos son increíblemente antiguos. Uno de los descubrimientos data del período Silúrico, hace más de 400 millones de años. Es del tamaño de un excremento de ratón y, probablemente, perteneció a un animal como un milpiés grande, uno de los primeros animales que salieron del mar para vivir en tierra.

Cómo tratan los científicos las heces de dinosaurio

(en cuatro pasos y con mucho cuidado)

1 Primero encuentran un coprolito. Necesitan tener muy buena vista para distinguir una caca de milpiés —es un trabajo de especialista—, pero es casi imposible pasar por alto esos excrementos gigantes de dinosaurio. Algunas veces aparecen junto a un montón de huesos fósiles de dinosaurio.

2 Luego cuecen los excrementos en ácido fluorhídrico, algo muy desagradable. Dicho ácido se lo come casi todo: piedra, metal, incluso la comida de la escuela; en fin, todo excepto la dura corteza que recubre las plantas, llamada cutina.

3 A continuación separan los trozos de planta que quedan.

4 Finalmente, la observan con el microscopio para estudiar los restos de la última comida del dinosaurio. Cuando los científicos realizaron esta operación con el excremento del milpiés de hace 400 millones de años descubrieron que:

- Las plantas prehistóricas eran completamente distintas de las modernas, porque los fragmentos de sus hojas no se parecían en nada a las de hoy.

- Aquellas plantas prehistóricas crecían a partir de esporas diminutas como, polvo, en vez de las semillas grandes.

¡A que no lo sabías!

Durante su viaje alrededor del mundo, Charles Darwin recogió plantas y animales fósiles. Su descubrimiento más espectacular fue el esqueleto fósil de un animal desdentado terrestre sudamericano llamado Megatherium. Era algo parecido a un perezoso gigante. De no haberse extinguido hubiera podido asomarse a las ventanas del primer piso de las casas actuales sólo con alzarse sobre sus patas traseras. Aunque no tendríamos por qué preocuparnos, sólo comía hojas.

Darwin estaba seguro de que los perezosos de hoy en día, que tienen el tamaño de un niño de diez años y viven en la jungla de América del Sur, estaban emparentados con esos monstruos del pasado ya extinguidos.

EN ESTE ÁRBOL APENAS QUEDAN HOJAS.

PEREZOSO MODERNO.

Fantástica variedad de huevos de dinosaurio

Cuando los paleontólogos descubren un buen fósil, a menudo lo llevan a un hospital para pedir que les dejen hacerle un escáner o un TAC (Tomografía Axial Computerizada) y así ver qué tiene en su interior. Se trata de una máquina que permite a los médicos ver lo que hay dentro de sus pacientes. A los paleontólogos también les deja ver dentro de los trozos de roca que pueden contener un fósil importante.

Los paleontólogos siempre están excavando fósiles asombrosos. Los huevos de dinosaurio son muy comunes en algunas partes del mundo. Puestos en un escáner, a veces incluso se pueden ver en su interior los huesos de un bebé dinosaurio.

Recientemente, se ha encontrado un fósil de dinosaurio *Oviraptor* sentado en su nido. Apareció en 1995 en el desierto de Gobi en Mongolia. Los científicos imaginaron que era un ladrón que robaba y se comía los huevos de otros dinosaurios porque a menudo aparecía cerca de otros nidos. Entonces descubrieron este desdichado espécimen que debía de estar sentado en su propio nido protegiendo sus huevos, como hacen hoy los avestruces, cuando fue sepultado bajo una tormenta de arena.

Los dinosaurios tienen fama de haber sido terriblemente fieros, pero parece ser que este *Oviraptor* hembra, fue una especie de heroína enterrada en vida mientras intentaba salvar a sus bebés.

¿Te gustaría ser paleontólogo?

Necesitarás:

Un martillo
Gafas
¡Y toneladas de paciencia!

Qué debes hacer:

Si vas a ser paleontólogo tendrás que aprender a reconocer las rocas que contienen fósiles. ¡Vamos allá!

ROCAS SEDIMENTARIAS

Cómo se forman: Cuando partículas de arena, barro o esqueletos de diminutas criaturas marinas cubren plantas y animales muertos, lentamente lo convierten todo en roca.

Hallazgos fósiles: Muchísimos.

Tipos más comunes: Arenisca, caliza y yeso.

¡SOLIDIFICAR!

ROCAS METAMÓRFICAS

Cómo se forman: Rocas sedimentarias o ígneas que han soportado temperaturas extremadamente altas por actividad volcánica y se han convertido en distintas clases de rocas.

Hallazgos fósiles: Contienen algunos fósiles, pero por lo general se queman hasta quedar consumidas por el calor.

Tipo más común: Mármol, hecho con piedra caliza calentada bajo una gran presión.

¡COCER!

Para empezar, lo mejor que puedes hacer es buscar rocas sedimentarias. A medida que examines las capas que han tardado millones de años en formarse, encontrarás atrapados en ellas animales y plantas del pasado. Es algo así como un viaje retrocediendo en el tiempo y puede resultar terriblemente aburrido. Puede llevar horas, días, meses o incluso años encontrar algo interesante. Pero, si tienes suerte, suerte de verdad, podrías encontrar un lecho fósil.

Los lechos fósiles se formaron cuando animales muertos y plantas eran arrastrados y amontonados por la corriente de ríos o mares remotos. Son montones de fósiles dentro de una roca enorme. Así encontrarías cientos de fósiles a la vez.

Qué debes hacer:
Si llegas a encontrar un fósil, has de desprenderlo con sumo cuidado, liberando sus bordes con escarpa y martillo.

¡AVISO: PELIGRO FUNESTO

1 Lleva siempre puestas unas gafas protectoras. Los fragmentos de roca que salen despedidos pueden dañar tus ojos gravemente.
2 Nunca trabajes debajo de rocas o acantilados peligrosos.

¡MIRA! ¡UNA MANO FOSILIZADA QUE NOS HACE SEÑAS!

Si todo esto te resulta demasiado aburrido, podrías inventar algunos fósiles falsos.

Falsificación de fósiles
Aquí tienes algunos métodos a prueba de tontos para fosilizar objetos familiares, como las zapatillas de tu padre. Elige el método en el siguiente menú según el tiempo que estés dispuesto a esperar.

Para resultados más rápidos, podrías...
• Meterlos en el congelador. Esto funcionó bien con los mamuts de Siberia que quedaron enterrados en la nieve y se conservaron perfectamente miles de años desde la última Era Glacial.

Algunos están tan bien conservados que un científico japonés cree que puede utilizar sus células congeladas para donar bebés de mamut. En estos momentos está buscando un mamut adecuado.

Si no tienes tanta prisa, podrías...

- Colgar las zapatillas de tu padre bajo el agua que gotea del techo de una cueva de piedra caliza. El agua estará llena de cal disuelta que irá empapando las zapatillas y al fin se solidificará como el cemento. Vuelve unos años más tarde y podrás regalar a tu padre unas zapatillas fósiles para su cumpleaños.

Para mejores resultados:

- Cúbrelas con ámbar de resina, un líquido dorado y pegajoso que rezuman los pinos. Al secarse, se convierte en una piedra amarilla y transparente, pero no esperes resultados inmediatos: el ámbar tiene que solidificarse primero y eso puede tardar miles de años. No obstante, ha funcionado brillantemente en el pasado con insectos fósiles, pero tú necesitarías una gran cantidad de ámbar para fosilizar un par de zapatillas.

ARAÑA FOSILIZADA
EN ÁMBAR. PERÍODO
JURÁSICO, NUEVO MÉXICO.

ZAPATILLAS DE PEPE
BOTELLA. ERA POSBÉLICA,
CANTALAPIEDRA.

Un método todavía más sucio es...

- Sumergir las zapatillas en un pozo de alquitrán. Encontrarás uno en el Rancho la Brea cerca de Los Ángeles en California, donde el alquitrán burbujea debajo de la tierra. En esos pozos se han encontrado toda clase de animales fosilizados en perfecto estado a pesar de haber caído en ellos hace miles de años. Si sirve para fosilizar tigres de colmillos de sable, servirá también para las zapatillas de tu padre.

HACE 10.000 AÑOS

EL MARTES PASADO

84

Pero para algo realmente espectacular...

- Busca un volcán en erupción y deja las zapatillas al pie de la montaña. Se convertirán en piedra si son atrapadas por una lluvia de cenizas volcánicas. Cuando el monte Vesubio de Italia entró en erupción en el año 79 d. C., sus cenizas cubrieron la ciudad de Pompeya. Cuando los arqueólogos excavaron la ciudad, descubrieron los cuerpos (y las zapatillas) de cientos de personas que habían sido enterradas y convertidas en piedra.

ACABABA DE QUITARSE SUS ZAPATILLAS ANTES DE LA ERUPCIÓN DEL VOLCÁN.

Y, por último, el método que ha funcionado perfectamente con toda clase de seres marinos:

- Sumerge las zapatillas en el mar. Cuando se hundan, se cubrirán lentamente de cieno. Al cabo de unos millones de años se transformarán en piedra; y algún pobre paleontólogo del futuro tendrá que pasar horas, días, meses, incluso años, para poder recuperarlas.

DÉSE PRISA. PAPÁ TIENE LOS PIES FRÍOS.

Fósiles vivos

Algunos fósiles no están muertos (Eso ya lo sabías tú, ¿no? Sólo hay que mirar a algunos profesores). Son plantas y animales que viven hoy en día y son exactamente iguales a sus antepasados que se fosilizaron hace millones de años. Los paleontólogos los llaman «fósiles vivientes».

Son hallazgos importantes porque, de un modo u otro, han sobrevivido a los desastres naturales que barrieron del planeta a las criaturas y plantas que una vez fueron sus contemporáneos.

La mayoría de fósiles sólo nos muestran cómo eran las partes duras de los animales, como caparazones, huesos y dientes. Todas las partes blandas, como la sangre y los intestinos, la piel y el pelaje, se pudren sin llegar a fosilizarse. Pero los fósiles vivientes nos dejan ver cómo eran esas partes que faltaban y nos permiten imaginar cómo serían otros fósiles si se les pudiera poner intestinos, músculos, cerebro y otras partes sanguíneas en sus lugares originales.

¡A que no lo sabías!

El 23 de diciembre de 1938, unos pescadores que faenaban con sus redes en la costa sur de África, pescaron la criatura más horrible que hubieran visto jamás.

¡ES ASQUEROSO!

¡UF!

¡EX!

MÁS FEO QUE TU HERMANA.

Cuando lo llevaron a la playa, los científicos en seguida se dieron cuenta de lo que era.

ES UN CELACANTO. LA ÚLTIMA VEZ QUE VI UNO LLEVABA MUERTO MILLONES DE AÑOS. ESTABA FOSILIZADO EN UNA ROCA.

ÉSTE TAMPOCO PARECE QUE ANDE MUY BIEN DE SALUD.

El pez llamado celacanto fue una una noticia de primera plana en todo el mundo.

THE CHRONICLE, CIUDAD DEL CABO

23 de diciembre de 1938

¡Hallazgo SENSACIONAL!

Fósil

Ejemplar vivo

Los científicos entusiasmados describen hoy al celacanto como el hallazgo del siglo: *Un fósil viviente.* «No ha cambiado nada en 400 millones de años –dijo un experto con admiración–. Tiene unas aletas fantásticas sostenidas por huesos. Hace unos, 400 millones de años las aletas de un pez como éste evolucionaron para transformarse en patas y para que así pudiera andar por tierra. Este extraño pez quedó atrapado en el tiempo. De alguna manera permaneció en las profundidades del océano mientras todos su congéneres prefirieron el terreno seco.»

Dr. C. Lacanto (Experto en peces)

¿Filetes de pescado?

En la actualidad hay una pequeña colonia de celacantos que merodean el océano Índico, pero quedan pocos. Puede que sean feos, pero por desgracia también son muy sabrosos. Esperemos que los celacantos permanezcan en lo más profundo de los océanos, lejos de las redes de los pescadores y sin convertirse en suculentos filetes de pescado.

Ventosidades de dinosaurio: datos que a tu profesor le da reparo contarte

Si tú crees que las verduras que te dan en las comidas de la escuela son difíciles de digerir, piensa un momento en los dinosaurios vegetarianos.

1 Solían comer plantas de la familia de las cicadáceas que en su mayoría sólo puedes contemplarlas fosilizadas.

2 Las hojas de las cicadáceas son tan duras y difíciles de digerir que los dinosaurios tenían que tragar guijarros para que les ayudasen a triturar aquellas hojas tan correosas en sus mollejas.

3 Estas piedras llamadas gastrolitos a menudo se encuentran entre los fósiles de esqueletos de dinosaurio en el lugar donde antes estuvo su molleja antes de descomponerse.

4 Algunos científicos sospechan que la dieta indigerible de los dinosaurios vegetarianos explica por qué esos animales eran tan grandes. Sus cuerpos tenían que contener unos intestinos de gran longitud para que las correosas hojas pudieran ablandarse lentamente en su interior.

5 Una cosa es segura: la digestión de las hojas de esta planta produce muchos gases, de modo que los dinosaurios seguramente se tiraban unos pedos atronadores.

Datos fantásticos

Se siguen encontrando fósiles vivientes. Uno de los últimos descubrimientos es el pino Wollemi, pariente de la araucaria. Primero se hallaron especímenes en un valle escondido de Australia en 1994. Ciertos desaprensivos habían arrancado algunos para venderlos. Por desgracia, los fósiles vivientes, igual que los fósiles ordinarios, son muy apreciados entre los coleccionistas.

Probablemente, montones de fósiles vivientes aguardan a ser descubiertos. ¡Quién sabe qué sorpresas hay ocultas en los oscuros y recónditos rincones del planeta! Las especies no duran eternamente. Un día u otro, todas desaparecen y son reemplazadas por otras nuevas. Es posible que te hayas dado cuenta de que en la actualidad no hay dinosaurios rondando por los parques nacionales. Todo lo que queda de ellos son sus huesos fosilizados. ¿Cómo llegaron a tal horrible fin?

Como de costumbre, los científicos expusieron toda clase de teorías, pero ahora creen saberlo gracias a un gran trabajo de investigación.

~FIN DE LOS DINOSAURIOS~

La desaparición de los dinosaurios es uno de los grandes misterios de la evolución. Cientos de especies se extinguieron a la vez. Lo sabemos porque los geólogos descubrieron sus fósiles en rocas que se habían formado hace 65 millones de años, pero en hallazgos posteriores no se ha visto ni uno solo de sus huesos.

Los dinosaurios tuvieron gran éxito mientras vivieron y dominaron casi todos los hábitats durante 150 millones de años. Los grandes dinosaurios carnívoros —como el *Tyrannosaurus rex*— no tenían enemigos. Entonces, ¿por qué los animales más fieros, malignos y más de moda desaparecieron de la Tierra hace 65 millones de años?

Pregúntale a tu profesor

¿Por qué murieron los dinosaurios?

1 ¿A causa de los violentos huracanes (llamados ultracanes) que lanzaron al aire el polvo, que ocultaron el sol y que sumieron el planeta en un invierno que duró años, y por eso los dinosaurios murieron de frío?

2 ¿Por las lluvias de partículas mortíferas llamadas neutrinos precedentes de la explosión de una estrella en decadencia llamada supernova? Los neutrinos causaron cánceres mortales en los cuerpos de los dinosaurios.

3 ¿A causa de un asteroide caprichoso que navegaba por el sistema solar y que impactó contra la Tierra, provocando una

marea masiva, terremotos e incendios que llenaron la atmósfera de polvo y humo, ocultando el sol de manera que los dinosaurios murieron de frío?

4 ¿Por las erupciones volcánicas del Himalaya que calentaron la atmósfera hasta convertirla en un infierno? Los dinosaurios, ante aquel calor insoportable, dejaron de poner huevos fértiles y se extinguieron.

Sería más fácil comprender la evolución si pudiésemos retroceder en el tiempo para ser testigos de lo que ocurrió en el pasado. Así que, por un momento, imagínate que tú y tu profesor viajan por el tiempo y que regresan el día fatídico en que se decidió el destino de los dinosaurios.

Te hallas en Norteamérica y la Tierra está plagada de dinosaurios. Amanece una mañana de verano y tú estás en el lindero de un bosque de cícadas. ¡65 millones de años a. C.!

Ha sido una noche muy fría y la mayoría de los dinosaurios siguen helados e inactivos. Bostezan, roncan y, de vez en cuando, sueltan un pedo ensordecedor. De momento estás a salvo porque no empezarán a moverse hambrientos hasta que el sol les haya calentado.

¡Pero cuidado con donde pones los pies! Por todas partes hay caca de dinosaurio. Dentro de 65 millones de años se habrá convertido en coprolito fosilizado, pero por ahora es blanda y muy, muy apestosa.

Esta mañana los dinosaurios están más nerviosos que de costumbre. Un ligero resplandor amarillento ilumina el cielo por el este. Dentro de unos minutos habrá salido el Sol, pero todos los ojos están ya abiertos y miran al sur hacia un punto luminoso en el cielo que ha ido creciendo y haciéndose más brillante cada día. Meses atrás comenzó como una partícula resplandeciente y ha ido creciendo hasta parecer tan grande como la Luna.

Hoy es tan brillante como el Sol que está a punto de asomar por el horizonte y avanza hacia la Tierra como un rayo gigantesco. Se mueve hacia la superficie de la Tierra a una velocidad de nueve kilómetros por segundo. Ha estado vagando a través del sistema solar durante millones de años hasta que al fin la gravedad lo ha atraído hacia nuestro planeta.

Se produce un destello luminoso a cientos de kilómetros al sur de donde estás tú ahora. Al fin, el asteroide ha chocado. Todo es silencio y quietud mientras el Sol empieza a acariciar los lomos curtidos de los dinosaurios.

Al principio parece que no ha ocurrido nada. Luego, al cabo de varios minutos, llega el sonido de la explosión en la distancia, como un trueno ensordecedor. Los dinosaurios se levantan y empiezan a correr de un lado a otro atemorizados. ¡Cuidado! ¡Ocúltate detrás de una roca! Con sus patas aplastarán todo lo que se cruza en su camino.

La tierra tiembla y se estremece. Terremotos cuartean el suelo abriendo simas lo bastante grandes como para tragar al mayor de los dinosaurios. Hay escenas de terrible y total destrucción por toda la Tierra. Miles de kilómetros cuadrados de terreno alrededor del cráter abierto por el asteroide quedan sin vida. Grandes incendios brotan de la hierba seca y de los bosques, avivados por fuertes vendavales.

En el mar, una marea de olas gigantescas de un kilómetro de altura parte del cráter donde ha aterrizado el asteroide. Engulle islas arrasándolas y luego penetra en tierra por las costas de los continentes, inundándolo todo a su paso.

Pero, lo más aterrador es una nube de humo y polvo en forma de hongo que empieza a formarse para ir extendiéndose por la estratosfera. A mediodía habrá tapado el Sol, sumiendo al mundo en una penumbra que durará años. Las plantas, hambrientas de luz, se marchitarán y se morirán, mala noticia para ti, si fueses un dinosaurio gigante devorador de plantas.

Ahora respira tranquilo porque puedes dar un salto en el tiempo y volver al siglo XX. ¿No se te olvidará recordar a tu profesor que debe regresar contigo? Sé que es tentador, pero...

De modo que 3 —el impacto de un asteroide— es la respuesta que apoyan la mayoría de científicos. Pero ¿cómo han llegado a esta conclusión? El científico que dio con la repuesta fue: Luis Walter Álvarez.

Cuadro de honor: Luis Walter Álvarez
(1911-1988) Nacionalidad: norteamericana

Luis W. Álvarez fue un hombre con una mente despierta. Era profesor de Física y estudiaba los rayos cósmicos. Durante la Segunda Guerra Mundial inventó una especie de radar que permitía aterrizar a los aviones cuando la tierra estaba oculta bajo una capa de niebla. Después de eso, pasó su vida investigando de qué estaban hechos los átomos y ganó un Premio Nobel por sus descubrimientos. En su tiempo libre utilizó los rayos X para averiguar lo que había dentro de una pirámide egipcia y también encontró tiempo para imaginar qué les había ocurrido a los dinosaurios.

Álvarez y su hijo Walter creían que un asteroide gigantesco había chocado contra la Tierra hace 65 millones de años. La asombrosa colisión había producido una marea de olas enormes que barrió las islas de los océanos e inundó la Tierra, llenó la atmósfera de polvo y gases asfixiantes que se extendieron por todo el planeta tapando el Sol y sumiendo a la Tierra en un invierno que duró años.

Varios años de invierno continuo debieron de ser un suplicio para los dinosaurios. Nosotros, los mamíferos, generamos y almacenamos calor en nuestros cuerpos por las reacciones químicas que transforman nuestros alimentos, por lo que la temperatura de nuestro cuerpo permanece estable incluso en los días más fríos. Pero los dinosaurios tenían la sangre fría y necesitaban el calor del sol para conservar la temperatura de su cuerpo. Probablemente pasaban la mayor parte del día tumbados al sol para absorber sus rayos.

En consecuencia, en cuanto comenzó el invierno, los dinosaurios de sangre fría empezaron a tiritar y no tardaron en morir. El asteroide barrió las tres cuartas partes de todos los seres vivos del planeta. La era de los dinosaurios había terminado.

El reino de los mamíferos de sangre caliente que sobrevivieron a la catástrofe estaba a punto de comenzar. ¿Pero pudo realmente haber sucedido así?

Datos fantásticos:
Huellas de una colisión catastrófica

- Los asteroides chocan constantemente con la Tierra. El núcleo helado de un cometa que hizo explosión a unos 7 km de Tunguska, Siberia, en 1908, arrasó 2.800 km² de bosque y chamuscó la ropa de la gente que se encontraba a 90 km.

* VIVIR EN TUNGUSKA ES MUY ABURRIDO, NUNCA OCURRE NADA EXCITANTE.

- El sistema solar es como una mesa de billar *snooker 3D*. Más pronto o más tarde, los pedazos de roca más pequeños, que giran de un lado a otro, colisionan con algo grande. Nuestra Luna está cubierta de cráteres de asteroides. Todavía podemos verlos porque allí no hay aire ni agua que los hayan borrado.

- Los geólogos han encontrado un cráter monstruoso hecho por un asteroide hace 65 millones de años en el mar junto a la península de Yucatán, en México. ¿Podría ser éste el que acabó con los dinosaurios?

- Cualquier asteroide que hiciera un agujero tan grande habría sido 10.000 veces más destructivo que todas las bombas atómicas jamás construidas.
- Los asteroides transportan un elemento raro llamado iridium. Una capa de polvo cargado de iridium recubre todas las rocas de la Tierra de hace 65 millones de años. Seguramente, las partículas de iridium procedían de la nube de polvo y se asentaron después del choque del asteroide.

¡A que no lo sabías!
Todo el mundo habla de la extinción masiva de los dinosaurios hace 65 millones de años, pero no fue la única vez que la vida en la Tierra casi se extingue por completo. Hace 245 millones de años casi el 96% de las especies se extinguieron. Fue el fin de los trilobites y los salvajes artrópodos marinos. Nadie está seguro de por qué ocurrió. Muchos científicos creen que el planeta se recalentó, por lo que algunos mares se secaron y murieron los animales que vivían en aguas poco profundas. También la mayoría de criaturas del mar que murieron se reproducían por larvas diminutas que iniciaban su vida nadando en el plancton en la capas de la superficie del mar. Así que tal vez los cambios químicos del mar los envenenaron. Nunca lo sabremos con certeza.

Incluso antes de esto, otra misteriosa extinción masiva acabó con aquellas increíbles criaturas.

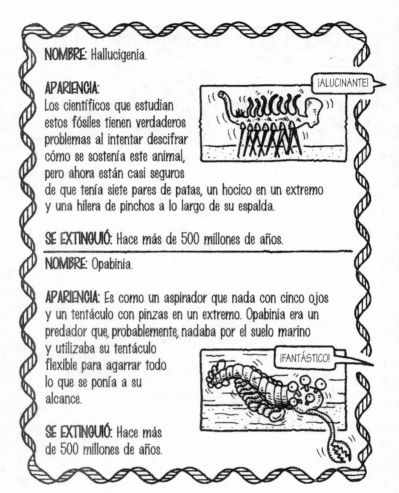

NOMBRE: Hallucigenia.

APARIENCIA:
Los científicos que estudian estos fósiles tienen verdaderos problemas al intentar descifrar cómo se sostenía este animal, pero ahora están casi seguros de que tenía siete pares de patas, un hocico en un extremo y una hilera de pinchos a lo largo de su espalda.

¡ALUCINANTE!

SE EXTINGUIÓ: Hace más de 500 millones de años.

NOMBRE: Opabinia.

APARIENCIA: Es como un aspirador que nada con cinco ojos y un tentáculo con pinzas en un extremo. Opabinia era un predador que, probablemente, nadaba por el suelo marino y utilizaba su tentáculo flexible para agarrar todo lo que se ponía a su alcance.

¡FANTÁSTICO!

SE EXTINGUIÓ: Hace más de 500 millones de años.

Afortunadamente, la evolución ha sabido producir nuevos diseños para equipar a criaturas capaces de resistir las duras condiciones de un mundo cambiante. Después de catástrofes con extinciones masivas, siempre ha quedado algo de vida. A veces parece que, si le das tiempo suficiente, la evolución es capaz de inventar cualquier cosa.

PECES CON PATAS

La evolución sabe muy bien cómo inventar animales nuevos sin nuestra ayuda. Nada ocurre de la noche a la mañana. Cada pasito puede tardar millones de años. Pero dale tiempo, y la evolución logrará transformaciones asombrosas. Veamos, por ejemplo, los ojos:

Comenzaron siendo una simple sustancia química sensible a la luz.

Era muy útil porque permitía a su propietario saber dónde estaba:

- Al aire libre, donde podía ser comido por sus enemigos...
- ... o debajo de una piedra, donde estaría a salvo.

A continuación, la sustancia química detectora se concentró en el interior de un punto sensible a la luz, dentro de un pequeño hueco en la piel, con tan solo un agujerito diminuto que dejaba entrar la luz. El resultado fue una especie de objetivo fotográfico capaz de captar una imagen. Funciona de maravilla.

¿Te atreves a averiguar por ti mismo cómo se ve el mundo a través del agujerito diminuto de una cámara?

- Busca un tubo, uno que tenga unos 30 cm de largo y 8 de diámetro, pero la medida exacta no importa.

- Cubre uno de sus extremos con papel de aluminio que sujetarás con cinta adhesiva y haz un agujerito en el centro con una aguja muy fina, lo más pequeño posible.
- Cubre el otro extremo con papel de calcar y sujétalo con cinta adhesiva.
- Luego dirige el agujerito hacia una ventana luminosa o luz brillante. Verás una imagen al revés en el papel de calcar. Así es como funciona esta cámara diminuta. Algunos caracoles tienen los ojos así.

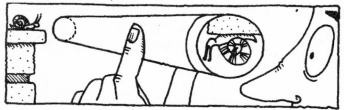

Así que acabas de ver el mundo con el ojo de un caracol. La imagen es lo bastante clara para saber si el animal que espera fuera de tu casa es amigo o enemigo, aunque esté cabeza abajo.

A partir de ahí, los ojos han ido mejorando un paso más cada vez.

- En algunos animales, el hueco se ha ido llenando de gelatina que refracta los rayos de luz y los enfoca a las células sensibles a la luz. De modo que la imagen se hace más clara.

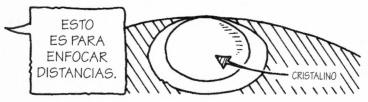

- Luego, la gelatina se endureció hasta formar una lente llamada cristalino que, gracias a unos músculos, podía variar su forma. Así enfocaba las cosas que estaban cerca o lejos.

- Se desarrolló una membrana transparente que cubrió el ojo para protegerlo.

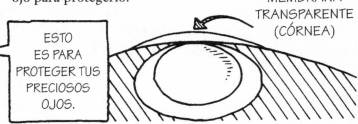

MEMBRANA TRANSPARENTE (CÓRNEA)

ESTO ES PARA PROTEGER TUS PRECIOSOS OJOS.

- Dentro del ojo evolucionó la pupila para poder abrir o cerrar el agujerito cuando entrase mucha luz, de modo que funcionara lo mismo con luz brillante que en la penumbra.

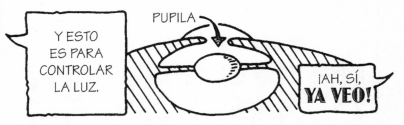

PUPILA

Y ESTO ES PARA CONTROLAR LA LUZ.

¡AH, SÍ, YA VEO!

La evolución ha tardado 1.000 millones de años en producir un ojo como el nuestro, pero al fin lo consiguió. Y lo más asombroso todavía es que lo hizo más de una vez, en distintos grupos de animales. Los calamares, que pertenecen a la familia de los caracoles, tienen unos ojos casi tan buenos como los tuyos.

Criaturas de caverna

En las cuevas subterráneas más profundas hay animales que los biólogos llaman trogloditas: especies que viven en cavernas toda su vida y jamás salen a la superficie. Algunos trogloditas, como la pobre salamandra ciega de Texas, evolucionaron de antepasados que una vez habían vivido en la superficie y tenían ojos. Cuando se convirtieron en moradores de cavernas, poco a poco, sus ojos volvieron a desaparecer porque eran inútiles en la oscuridad. Da mucho miedo vivir en lugares así, y la salamandra tiene que abrirse camino y perseguir a su presa con su gran sentido del olfato.

Imagínate lo que supuso para los biólogos explorar aquellas cuevas siniestras por primera vez. Algunas arañas ciegas habían desarrollado un método horrible para cazar, palpando a su presa con sus largas patas antes de clavar las mandíbulas en su cuerpo. Se necesitan tener nervios de acero para explorar el mundo sin ojos de los trogloditas.

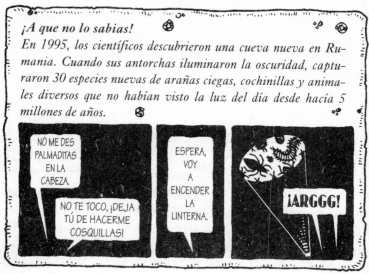

¡A que no lo sabias!
En 1995, los científicos descubrieron una cueva nueva en Rumania. Cuando sus antorchas iluminaron la oscuridad, capturaron 30 especies nuevas de arañas ciegas, cochinillas y animales diversos que no habían visto la luz del día desde hacía 5 millones de años.

NO ME DES PALMADITAS EN LA CABEZA.

NO TE TOCO, ¡DEJA TÚ DE HACERME COSQUILLAS!

ESPERA, VOY A ENCENDER LA LINTERNA.

¡ARGGG!

Pregúntale a tu profesor
Estigofilia significa:
1 Vivir en una pocilga.
2 Vivir en cavernas subterráneas y oscuras.
3 Un cerdo tan gordo que no cabe en la pocilga.

Respuesta: 2

Aparecen los pterosaurios

A veces, la evolución crea nuevos seres tomando algo que ya existía a fin de adaptarlo y hacerlo útil para otra cosa.

En el período Jurásico, hace 200 millones de años, hacía un calor asfixiante durante el día, y un frío terrible por la noche. Algunos antecesores pequeños de los pterosaurios que tiritaban al amanecer, después de una noche gélida se achicharraban a mediodía cuando el sol lucía sobre sus cabezas.

Pero algunos de aquellos pterosaurios ancestrales desarrollaron un truco magnífico para evitar que la temperatura de su cuerpo subiera y bajara como un yoyo. Desplegaron gruesas membranas de piel fina, repletas de vasos sanguíneos, entre los miembros de su cuerpo para aumentar su superficie exterior. Así podrían refrescarse más deprisa durante el día y extender sus alas para recoger los primeros rayos cálidos del sol al amanecer.

En los días muy calurosos, agitaban aquellas membranas para producir una brisa fresca. Y, de repente, se encontraron en el aire. Sus artilugios de refresco estaban perfectamente musculados y se convirtieron en alas planeadoras.

Un pasito para los peces

¿Recuerdas al celacanto, el fósil viviente de las páginas 87 y 88? Animales similares salieron reptando del mar hace millones de años y evolucionaron en seres que pueden vivir tanto en el agua como en tierra, y se convirtieron en anfibios como las ranas, los sapos y los tritones de hoy en día. Las aletas óseas de los celacantos fueron muy bien para convertirse en patas huesudas.

Claro que salir a tierra firme fue sólo la mitad de la batalla. Los peces respiran a través de branquias que están diseñadas para captar el oxígeno del agua y no sirven de mucho en tierra. El pasar a terreno seco habría sido un desastre si no hubiera empezado ya a evolucionar otro modo de obtener el oxígeno del aire en vez del agua. Y, afortunadamente, ya lo habían hecho.

En la actualidad, si excavas en el barro seco de los lagos africanos en la temporada seca, encontrarás peces con pulmones. Desarrollaron tripas de más longitud que se transformaron en pulmones para respirar aire. Es probable que primero creasen esos aspira–gases extra para vivir en aguas enlodadas donde apenas había oxígeno. Hoy en día pueden utilizarlos para respirar aire cuando están enterrados en el fondo de un lago seco esperando que llegue la lluvia y vuelva a llenarlo.

De manera que, cuando los peces empezaron a salir a tierra, ya estaban equipados con una especie de pulmón primitivo que les permitía respirar oxígeno del aire y absorberlo hasta la extensión de sus tripas que al fin evolucionaron hasta convertirse en verdaderos pulmones más eficientes.

¿Un ser nuevo del todo?

Si observas los animales con atención, descubrirás a menudo que ya poseen el equipo esencial para evolucionar en algo nuevo. Encogiendo un poco por aquí y alargando un poco por allí pueden transformarse en algo de aspecto completamente distinto.

Actualmente, los científicos pueden transformar animales cortando genes de un animal y colocándolos en otro para alterar las instrucciones genéticas que dan forma a su cuerpo. A esto se le llama ingeniería genética.

Quién sabe, quizás en el futuro, con un poco de ayuda de los ingenieros genéticos, seremos capaces de equipar a las personas con nuevas partes útiles en su cuerpo, como...

Visión infrarroja

¿Qué es infrarroja?

Una luz invisible que emiten los objetos que desprenden calor.

¿Quién puede verla?

Unas horribles serpientes llamadas víboras. La utilizan para «ver» los cuerpos cálidos de sus presas en la oscuridad total.

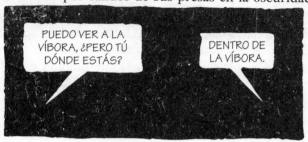

¿De qué nos serviría a nosotros?

En primer lugar, no pisarías nunca al gato en la oscuridad. Todo el mundo emitiría un resplandor rosado y cálido después de oscurecer. Y, por la noche, podrías ir a observar los pájaros.

Brújulas innatas

¿Qué hacen?

Permiten a algunos animales encontrar su camino por el mundo (y regresar de nuevo a casa) sin utilizar brújula. Son unos diminutos gránulos magnéticos situados en el cerebro y que les proporcionan el sentido de la orientación.

¿Quién los tiene?

Las abejas y las palomas, seguro, y quizás también otros animales. Las palomas y pájaros migratorios utilizan esa brújula innata para encontrar el camino hacia su casa a cientos de kilómetros por territorios desconocidos.

¿De qué nos servirían a nosotros?

No té perderías nunca. Siempre sabrías qué dirección tomar

106

para volver a casa, estuvieras donde estuvieses. Lo malo es que no podrías dar la excusa de que te has perdido cuando llegas tarde a la escuela.

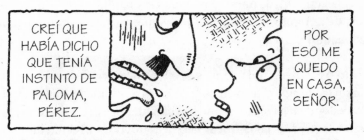

CREÍ QUE HABÍA DICHO QUE TENÍA INSTINTO DE PALOMA, PÉREZ.

POR ESO ME QUEDO EN CASA, SEÑOR.

Electricidad corporal

¿Qué es?

Cargas eléctricas almacenadas en los músculos del cuerpo.

¿Quién la tiene?

El gimnoto, una especie de anguila eléctrica. La utiliza para atontar a sus presas.

¿De qué nos servirían a nosotros?

Jamás tendrías que reponer las pilas de tu linterna. Pero deberías andar con mucho cuidado al dar la mano.

Es divertido imaginar las modificaciones de los humanos en el futuro, bien por evolución o por ingeniería genética, pero apenas estamos empezando a descubrir qué clase de animales evolucionaron en el pasado. Desde que Darwin presentó su teoría sobre la evolución, los científicos sospechan que los monos y los hombres comparten los mismos antepasados.

107

LOS NUEVOS VECINOS DEL BARRIO

En la actualidad, nuestro planeta está habitado por una mezcla de antiguos moradores y otros nuevos que han ido evolucionando poco a poco.

Dato fantástico: Aún es posible encontrar bacterias en los arroyos de aguas sulfurosas y en las profundidades del mar, alrededor de los volcanes, que son casi idénticas a las bacterias fósiles enterradas en las rocas hace tres millones y medio de años.

¡A que no lo sabías!
Los musgos, esas diminutas plantas verdes que crecen en las rendijas del pavimento y que pisamos cada día sin pensarlo dos veces, son increíbles supervivientes. No han cambiado mucho desde que invadieron la tierra por primera vez hace unos 500 millones de años. Hoy la mayoría de especies de musgo son muy similares a las que pisaron las patas de los dinosaurios. Son historias de la evolución.

Nosotros los humanos somos los recién llegados, los nuevos vecinos del barrio. ¿Tendremos el mismo éxito y sobreviviremos tanto como las bacterias sulfurosas y los musgos? Es muy pronto para saberlo, pero podemos mirar hacia atrás en el álbum de fotos de la familia humana y buscar pistas de una de las preguntas más fascinantes de la evolución: ¿Quiénes fueron los primeros humanos?

Es probable que creas tener una idea clara de cómo eran los primeros humanos por las imágenes que suelen aparecer dibujados en los cómics. Ya sabes cómo:

ANDA ARRASTRANDO LOS PIES.

UNA FRENTE APENAS EXISTENTE.

SIN BARBILLA.

BRAZOS TAN LARGOS QUE LOS NUDILLOS ROZABAN EL SUELO.

¿Te resulta familiar?

Es verdad. Se parece mucho a los maestros de ahora.

En realidad, no sabemos con certeza cómo eran los primeros humanos, porque no tenemos más que unos cuantos huesos sueltos en qué basarnos. Si hoy estuvieran aquí, probablemente les disgustaría verse así dibujados en los cómics (y ser comparados con maestros). Pero, pongamos en claro una cosa. A pesar de lo que hayas podido oír, los humanos no evolucionamos a partir de los chimpancés, los gorilas o los maestros.

Pregúntale a tu profesor

¿Qué es un *póngido*?

1 El nombre científico de la familia de los chimpancés.

2 El nombre científico de las bacterias en las zapatillas apestosas.

3 El impresionante aroma del masaje para después del afeitado que usan los profesores.

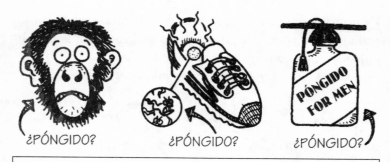

¿PÓNGIDO?   ¿PÓNGIDO?   ¿PÓNGIDO?

Nosotros somos muy similares a esos simios de pelo fino y compartimos la mayoría de sus genes, pero no son nuestros ancestros.

Lo que probablemente ocurrió fue esto:

Hace tiempo, quizá tanto como cuatro millones de años, vivía en África un simio parecido al chimpancé. Es probable que fuese terriblemente peludo y que caminara sobre cuatro patas.

Y PROBABLEMENTE ERA ASÍ.

OH, OH, AH, AH.

Algunos de esos antepasados evolucionaron hasta llegar a los chimpancés actuales. Otra rama de la familia se dispersó en distintas direcciones y evolucionaron como homínidos, el nombre que los científicos dan a la rama de los simios a la que pertenecen los humanos. Los chimpancés de hoy jamás llegarán a ser humanos por muchos millones de años que pasen; seguirán el camino de su propia evolución, la cual les lleva muy lejos de los humanos.

ANTEPASADO

LOS DESCENDIENTES SIGUEN DIFERENTES CAMINOS.

HOMÍNIDO

CHIMPANCÉ

Durante gran parte de este siglo, los científicos han intentado encontrar restos de nuestros misteriosos y extintos antepasados homínidos, el tramo que falta en la historia de la evolución, los que abandonaron los árboles y comenzaron a caminar erguidos por las planicies africanas.

Éste, por ejemplo, es el *Australopithecus*, cuyo nombre significa «mono del sur». Vivió hace cuatro millones de años.

AUSTRALOPITHECUS

NO CONFUNDIRLO CON EL PROFESOR DE CIENCIAS.

Andar erguidos

La primera persona que demostró que nuestros antecesores caminaban erguidos como nosotros fue una antropóloga llamada Mary Leakey. En 1976, en un lugar de Tanzania llamado Laetoli, descubrió tres rastros de huellas de homínidos de 3,6 millones de años de antigüedad, evidencia sólida como una roca de que, incluso tanto tiempo atrás, nuestros antecesores caminaban con dos piernas y no a cuatro patas como los monos.

¿Qué fue lo que decidió a los humanos a andar erguidos después de haber empezado a caminar a cuatro patas? Los científicos han propuesto distintas hipótesis. A ver cuál te parece a ti la más acertada:

1 Andar sobre dos pies ayudaba a los humanos a perder calor en climas calurosos. Permanecer erguidos significaba exponer menos parte del cuerpo al achicharrante sol africano y quizá les ayudase a mantener la cabeza y el cerebro frescos.

2 O tal vez fuera para protegerse. Si andaban erguidos ¿veían a los predadores con más facilidad? La vida para los primeros homínidos debía de ser terriblemente peligrosa.

3 Deja las manos en libertad para utilizar herramientas.

En 1924, un grupo de paleontólogos que trabajaban en Yaung, África del Sur, desenterraron un montón de huesos. Fueron capaces de precisar que aquellos huesos tenían unos tres millones de años y que habían pertenecido a diversos animales pequeños. La mayoría eran de seres parecidos a las ratas, pero otros les resultaron muy familiares. Al examinarlos más de cerca descubrieron que aquellos huesos habían sido de un niño. Pero aquel niño no se parecía nada a ti. Pertenecía a una de las especies primitivas de homínidos llamada *Australopithecus africanus* y, al parecer, tuvo un final espantoso. ¿Pero cómo ocurrió?

a) ¿Fue atacado por una manada de ratas y murió mientras se defendía, matando algunas durante la lucha?

b) ¿Fue enterrado con los gatos de la familia y después murió por causas naturales?

c) ¿O le mató un águila que lo hizo pedazos con su temible pico y llevó los restos a su nido para alimentar a sus crías?

¿Lucy o Luciano?

Los científicos suelen entusiasmarse con su trabajo. Cuando encuentran un espécimen realmente interesante llegan a tomarle afecto. A veces incluso le ponen nombre.

Esto ocurrió cuando un espécimen en muy buen estado de conservación fue encontrado en Etiopía, pieza por pieza, en 1970. Era un miembro femenino de un homínido llamado *Australopithecus afarensis* (que significa «simio del sur de la región Afar de Etiopía). Igual que nosotros, caminaba erguido, pero en su edad adulta no era mayor que un niño de 12 años de hoy; medía 1,3 metros de altura.

Era un espécimen tan fantástico que le pusieron por nombre: Lucy, como la canción de los Beatles *Lucy in the sky with diammonds*.

Más recientemente ha surgido una pregunta respecto a Lucy. Puede que después de todo no fuese una mujer. Al cabo de tres millones de años es difícil de precisar. ¿Habrá que cambiarle el nombre? Los científicos siguen discutiendo sobre esta cuestión.

Latín universal

Apuesto a que te preguntas de dónde vienen todas esas palabras científicas tan difíciles de pronunciar.

Los científicos dan a todos los seres vivos nombres en latín, lengua de los antiguos romanos. Esto se debe a que los nombres en latín los entienden los científicos de todo el mundo. Si los nombres estuvieran escritos en inglés, chino o español, no significarían gran cosa para la gente que no habla esos idiomas.

Los nombres en latín constan de dos palabras. La primera se llama género y la segunda especie. A menudo hay docenas de distintos especies en un género. Por ejemplo, hay distintos tipos de felinos. Todos entran en el género *Panthera*, pero cada uno tiene un nombre específico distinto, así por ejemplo:

- *Panthera tigris* es el tigre.
- *Panthera leos* es el león.
- *Panthera pardus* es el leopardo africano.
- *Panthera onca* es el jaguar.

Si la Pantera Rosa tuviera un nombre latino sería *Panthera rosea*.

Por lo general, los nombres en latín nos dicen algo de su propietario, así...

116

Álbum familiar de los fósiles humanos

Una vez iniciada la evolución humana aparecieron en escena toda una serie de homínidos esperanzadores. Es hora de que conozcas a algunos parientes cuya existencia ignorabas:

HABILIDOSO

NOMBRE: *Homo habilis* (hombre que fabrica herramientas).

EDAD: Vivieron hace un millón y medio o dos millones de años.

ÚLTIMA DIRECCIÓN CONOCIDA: Fue encontrado por Mary Leakey en África junto a los huesos de muchos de nuestros otros parientes.

ASPECTO: Es difícil saberlo porque los científicos sólo han encontrado algunos huesos. Probablemente era muy peludo y andaba erguido.

MÁS CONOCIDO POR: Inventar herramientas de piedra. Los humanos empezaban a ser inteligentes.

INCENDIARIO

NOMBRE: Podría ser otro miembro de la serie *Homo erectus* (esa especie duró mucho tiempo), aunque algunos científicos le han dado un nombre más impresionante *Homo heidelburgensis*, porque huesos similares fueron desenterrados alrededor de Heidelburg, en Alemania.

EDAD: Aparece por primera vez hace cerca de un millón y medio de años.

ÚLTIMA DIRECCIÓN CONOCIDA: África, Asia y Europa.

ASPECTO: Alto y con un cerebro mayor que el del *Homo habilis*.

MÁS CONOCIDO POR: Prender fuego a las cosas. El primer homínido que utiliza el fuego.

EL HOMBRE DE BOXGROVE

NOMBRE: *Homo heidelburgensis*. Es considerado por algunos científicos como otra clase de *Homo erectus*.

EDAD: El inglés más antiguo conocido data de 450.000 años. Quizás hayan vivido también en algunas partes del mundo hace unos 30.000 años.

ÚLTIMA DIRECCIÓN CONOCIDA: Boxgrove, en Sussex, Inglaterra.

ASPECTO: Es difícil precisarlo. El hueso de una mandíbula fue encontrado cerca de Heidelburg. Luego, los arqueólogos hallaron algunos dientes y una tibia en 1995. No es gran cosa para sacar conclusiones.

MÁS CONOCIDO POR: Carnicero. Sus restos fueron encontrados entre huesos de rinoceronte que, probablemente, pertenecían a uno que él había desollado y comido (los rinocerontes vivieron en Gran Bretaña antes de que las eras glaciares les llevaran más al sur).

EL HOMBRE DE NEANDERTAL

NOMBRE: *Homo neanderthalensis* (que significa «hombre sabio del valle Neander de Alemania»).

EDAD: Aún estaba en Europa hará unos 30.000 años.

ÚLTIMA DIRECCIÓN CONOCIDA: Vivió en diversos puntos del oeste de Europa.

MÁS CONOCIDO POR: Vivir en cuevas. Probablemente era mucho más inteligente de lo que pensamos. En primer lugar, tenía el cerebro más grande que nosotros.

HOMBRE SABIO

NOMBRE: *Homo sapiens* (que significa «hombre sabio»). Y se refiere a ti. Tú eres un miembro de esta especie.

EDAD: Unos 250.000 años.

DIRECCIÓN: Por todas partes.

MAS CONOCIDO POR: Su comportamiento extravagante.

¡A que no lo sabías!

Hasta 1950, los científicas creyeron que hubo otro tipo de homínido rondando por la Tierra hace 200.000 años. Su nombre era Hombre de Piltdown, porque su cráneo fue encontrado en Piltdown, Sussex, Inglaterra. Fue descubierto en 1908.

Pruebas químicas demostraron al final que el Hombre de Piltdown era un fraude total. Su cráneo estaba formado por varios trozos pegados de cráneos de varios esqueletos. Hasta hoy nadie sabe con certeza quién tomó el pelo a tantos científicos, pero se han propuesto toda clase de teorías.

Algunos dicen que el falsificador fue Charles Dawson, un geólogo amateur que desenterró el cráneo. Otros señalan con el dedo a sir Arthur Conan Doyle, autor y creador de Sherlock Holmes. Conan Doyle era un buen aficionado a buscar huesos de una cantera próxima a su casa donde fue encontrado el cráneo. Además una vez escribió un libro titulado El mundo perdido, *donde la falsificación de fósiles desempeñaba un papel importante en la trama.*

¿HA VISTO ALGUIEN MI DENTADURA POSTIZA?

¿Abominable pero cierto?

En la última década, los científicos chinos han hecho un descubrimiento notable. Encontraron extraños objetos a la venta en los mercados chinos con la etiqueta «dientes de dragón». Los científicos en seguida demostraron que aquellos dientes eran en realidad dientes fosilizados de un animal gigantesco semejante a un gorila. Más dientes fueron encontrados en cuevas junto a esqueletos descomunales.

Los científicos pudieron demostrar que hace un millón de años vivió un simio monstruoso que doblaba en tamaño a los humanos de la actualidad. Los científicos le llamaron *Gigantopitecus*, que significa «mono gigante». ¿Podrían ser la causa del mito de los gigantes? ¿Acaso el «Big Foot» americano o el «Abominable hombre de las nieves» del Himalaya eran en realidad *Gigantopitecus*? ¿Existen todavía?

Tal vez no encontremos nunca al «Abominable hombre de las nieves», pero encontrar a todas las otras especies que existen en la actualidad corresponde prioritariamente a los científicos. Y esto está resultando un problema grave porque si uno ignora qué especies existen, ¿cómo va a saber lo que busca?

Es sorprendente la facilidad con la que los científicos pueden ignorar la existencia de animales enormes. Uno cree que ya habrán encontrado hace mucho tiempo a tales criaturas, pero no cesan de surgir otras nuevas. ¿Cómo es posible que los científicos no vieran...?

TIBURÓN SUPERGIGANTE

Megachasma pelagios, que significa «la bocaza más enorme en mar abierto».

ENCONTRADO POR PRIMERA VEZ:
Fue pescado por casualidad por un barco de investigación de Hawai en 1976. No volvió a verse ninguno más hasta que apareció otro en la costa californiana en 1983. Desde entonces se han visto algunos más en Australia y Japón.

¡HUYAMOS POR AQUÍ!

CARACTERÍSTICAS: Es el sexto tiburón de mayor tamaño del mundo. Cinco metros de longitud y una boca enorme. Parece muy simpático, a pesar de sus 400 dientes dispuestos en 236 hileras. Afortunadamente todos son muy pequeños. El interior de su boca reluce en la oscuridad, y los biólogos creen que se mueve por el océano con la boca abierta como una antorcha predadora que invita a la diminuta vida marina a nadar hacia el resplandor.

Como un regalo añadido, los científicos también han descubierto una nueva clase de parásito que vive en las tripas del bocazas.

FUTURAS PERSPECTIVAS: No demasiado malas. Son tímidos, lo que es de agradecer cuando andan cerca los humanos. Menciona la palabra «tiburón» y la mayoría va en busca de un arpón.

¿Y quién iba a pensar que pasarían por alto algo tan grande como...?

EL BUEY YU QUANG

(Pseudoryx nghetinhensis)

¡ME GUSTAN LOS PLATOS EXÓTICOS!

ENCONTRADO POR PRIMERA VEZ: Troceado en un puesto de carne de un mercado de Vietnam en 1992. La gente de la localidad ya conoce su aspecto (y cómo guisarlo). Ejemplares vivos no fueron vistos por los científicos de occidente hasta 1994.

CARACTERÍSTICAS: Casi tan grande como un macho cabrío y con unos cuernos muy vistosos.

FUTURAS PERSPECTIVAS: Es una comida suculenta, de modo que el futuro de Yu Quang tal vez no sea muy brillante. Y esos cuernos son un trofeo tentador para los cazadores.

¿Y por qué han tardado tanto en encontrar...?

LA ESPONJA ASBESTOPLUMA

¡ESPONJAS, HORA DEL BAÑO!

¡GAMBAS, HORA DE MERENDAR!

ENCONTRADA POR PRIMERA VEZ: Por buceadores que exploraban cuevas submarinas en el Mediterráneo en 1994.

CARACTERÍSTICAS: La única esponja carnívora. Al parecer le gusta comer gambas pequeñitas. Las atrapa con los diminutos ganchos de los tentáculos de toda su superficie (funcionan como el velcro), cazando a todo el que se acerca a ella.

PERSPECTIVAS FUTURAS: Oscuras. En el Mediterráneo hay mucha polución, de manera que tal vez no sobrevivan.

Y, aunque es probable que lo hayamos estado comiendo durante años, los científicos no supieron ver al diminuto...

SYMBION PANDORA

LA VERDAD ES QUE LES TENGO MUCHO APEGO.

ENCONTRADO POR PRIMERA VEZ: Pegado a las bocas de las langostas noruegas en 1995.

CARACTERÍSTICAS: Un animal diminuto, con sólo un milímetro de longitud, pero un mega descubrimiento. El *Symbion* es un Cycliophoran, un grupo nuevo, completo y numeroso de animales como no hay igual en la Tierra. Los machos pasan toda su vida encima de las hembras. Ambos pueden volver a recomponer sus cuerpos si sufren lesiones.

PERSPECTIVAS FUTURAS: Depende de cómo les vaya a las langostas noruegas porque el *Symbion* está permanentemente pegado a su boca. La gente come esas langostas, de modo que los han estado comiendo durante años sin saberlo.

Pensándolo bien, quién sabe las maravillosas y extrañas criaturas que moran en las zonas inexploradas del mundo. Aunque los científicos han estado explorando la Tierra durante siglos en busca de nuevas especies, aún no han localizado más que una diminuta fracción del número total que viven en nuestro planeta.

Numerando especies

Nosotros compartimos nuestro planeta con un gran número de distintas clases de animales y plantas. ¿Tienes idea de cuántas especies existen?

Pregúntale a tu profesor
a) ¿1 millón?
b) ¿10 millones?

c) ¿30 millones?

d) ¿100 millones?

Terry Erwin sólo buscaba insectos. Si hay ocho millones de ellos, ¿cuántos podría haber allí? ¿Cuántos gusanos, caracoles y demás repugnantes seres que se arrastran, sin mencionar los hongos, plantas y bacterias, hay allí? No hace mucho tiempo, unos investigadores extrajeron 4.000 especies nuevas de bacterias de un solo puñado de tierra.

De modo que, si tu profesor ha respondido 100 millones, puede que tenga razón. (Pero no se lo digas, porque los profesores se ponen muy pedantes si les das la razón.)

Lamentablemente, en la actualidad las extinciones se suceden con gran rapidez y el responsable es casi siempre el hombre. Muchos de los mejores hábitats están siendo destruidos por el hombre por medio de la polución o para acondicionar nuevas viviendas, industrias y granjas. Hasta ahora, los humanos no hemos sido lo bastante inteligentes para conservar la biodiversidad. De un modo u otro estamos eliminando miles de especies. Así que dedica un pensamiento a:

- El dodo. Vivió en la diminuta isla Mauricio en el océano Índico. Era muy feliz porque no tenía enemigos en la isla, hasta que, naturalmente, llegó el hombre y llevó ratas, gatos y perros. El pobre dodo no tenía alas, de manera que no podía salir volando. El último dodo era tan lento que murió en 1680.
- La vaca marina de Steller. Una criatura dócil y simpática. Le dio su nombre George Steller, un naturalista alemán que descubrió esa vaca marina cuando naufragó en 1742. La última fue vista en 1769 y siguió la suerte del resto de su familia: se la comieron los marineros.
- La paloma viajera. A principios de los años 1800, los cielos sobre los bosques americanos estaban plagados de palomas viajeras que volaban en bandadas de hasta 300 millones de ellas.

Dodo
R.I.P. 1680

LA SUPERVIVENCIA FUE UN NO-NO PARA EL DODO.

Vaca marina de Steller
R.I.P. 1769

TIERNA, DÓCIL Y SABROSA.

Paloma viajera
R.I.P. 1914

NI VIAJEROS NI VUELOS.

Increíble, en 1914 quedaba sólo una paloma viajera: las habían cazado todas para comérselas y habían destruido los bosques donde anidaban. Cada pareja sólo ponía un huevo al año, así que los granjeros las mataban antes de que ellas se pudieran reproducir. Cuando la última paloma viajera se cayó de su percha en el zoo de Cincinati, la especie quedó definitivamente extinguida.

- El lobo de Tasmania era una versión más esbelta y más pequeña del lobo europeo, pero tenía rayas y solía llevar a sus crías en una bolsa marsupial, como los canguros. Los pastores de ovejas de la isla de Tasmania se ponían furiosos porque atacaba sus rebaños y por eso lo eliminaron. El último superviviente murió en el zoo de Hobart en 1936.

- El gorrión negro. Hace tiempo, el centro espacial de Cabo Kennedy no era más que una vasta extensión pantanosa. Un paraíso para los gorriones. Pero, cuando los cohetes empezaron a subir, los pájaros empezaron a bajar, dado que las instalaciones acabaron con sus alimentos. Los científicos no pudieron salvarlos y este gorrión voló por última vez en 1984.

EPÍLOGO

Nada logrará devolvernos las especies extinguidas, pero aún estamos a tiempo de salvar al tigre siberiano, el guacamayo Jacinto, el cóndor californiano, el águila culebrera de Madagascar, el picamadero pico de marfil, la tortuga pico de halcón y el panda gigante, todos en vías de extinción.

Una cosa es segura. Les ha costado una enormidad de tiempo evolucionar, así que los científicos no permitirán tan fácilmente que desaparezcan.

Fin